Die Naturgeschichte

in

der Volksschule und in den mittleren Klassen
der Real- und höheren Bürgerschulen,

zur Benutzung

für Lehrer und Schüler, so wie für Freunde der Natur.

Zusammengestellt und bearbeitet

von

G. A. Ritter.

Erster Cursus.

Unsere Hausthiere in Biographien.

Berlin.
Druck und Verlag von Georg Reimer.
1857.

Vorrede.

Wer die pädagogische Literatur der letzten Jahre in Betreff des naturhistorischen Unterrichts auch nur flüchtig verfolgt hat, dem ist weder die Bedeutung dieses Unterrichts, die Pädagogen und Freunde der Natur demselben für die Schule beilegen, noch das Streben der einzelnen Schriftsteller, dem naturhistorischen Unterrichte eine bestimmte Richtung zu geben, entgangen.

Seitdem die Kenntniß der Natur aufgehört hat, ein Geheimniß der Gelehrten zu sein, seitdem diese selbst uns in mannigfacher Weise die Resultate ihrer Forschung vorgelegt haben, ist, bei der Häufung des aus den verschiedenen Gebieten Dargebotenen, sehr bald die Frage entstanden, was von dem so reichhaltigen Materiale in die Volksschule gehöre, und in welcher Weise es darzureichen sei. Die hier einschlagende Literatur zeigt die Verschiedenheit der Ansichten.

Nach dem Vorgange berühmter Naturhistoriker meinten nicht Wenige, es müsse sich als Resultat eines etwa halbjährigen Kursus nicht nur die Kenntniß einiger Individuen aus der Thier- und Pflanzenwelt, sondern vielmehr die Uebersicht über die verschiedenen Klassen, Ordnungen, Familien, Gattungen und Arten des betreffenden Gebiets herausstellen. Demgemäß seien auch nur diejenigen Individuen zur Besprechung zu bringen, die der schließlichen Aufstellung des dem Lehrer vorschwebenden Systems entsprächen. Es läßt sich nicht leugnen, daß dieses Verfahren auf dem richtigen pädagogischen Grundsatze basirt, nach welchem man von der Betrachtung des Einzelnen ausgeht und zum Allgemeinen fortschreitet. Daß sich so mancher Lehrer verleiten ließ, mit dem System anzufangen, lag freilich nur in seiner Unkenntniß, und hat dem naturhistorischen Unterrichte mehr geschadet als genützt.

Die derselben heterogene Ansicht will Nichts vom System wissen, sie verlangt nur die Betrachtung des Individuums und legt den Haupt-Accent auf die Weise, in welcher dieses geschieht. Lebenskräftige Biographien sollen Herz und Gemüth für die Natur gewinnen, sie sollen eine Anregung sein, auf die Natur und ihren Schöpfer mit Dankbarkeit zu blicken. Hierin liegt sowohl der Weg, als auch das Ziel angedeutet, so wie Beides nach dieser Ansicht gefordert wird. Liebe zur Natur, sinnige Betrachtung des einzelnen Produktes derselben, Religiosität — das sind die Momente, auf welche es hier ankommt.

Der Verfasser nachstehender Biographien giebt sich schon durch diesen Titel als ein Anhänger der letzteren Ansicht zu erkennen. Indeß ist das Ziel, das er dem naturhistorischen Unterrichte in der Volksschule setzt, ein anderes, bestimmteres; und soweit hierdurch bestimmt, auch der Weg, den er geht.

Wir erkennen allerdings, wie schon bemerkt, nur den Weg für den richtigen in Betreff der Volksschule an, der eine möglichst tiefe Einführung in die Natur fördert und die schon genannten Momente in sich birgt; aber wir verlangen, daß der Weg nicht nach Frankreich, Spanien, oder gar nach

Afrika und Australien zuerst führe; wir halten es vielmehr für etwas Wesentliches, daß der Schüler das ihm am nächsten Liegende, ihn unmittelbar Berührende, einer eingehenden Betrachtung unterwerfe, daß er die Natur, so wie sie ihm alle Tage begegnet, sinnig anschaue und nicht gleichgültig an ihr vorübergehe. Es ist nach unserem Dafürhalten aus mehr als einem Grunde etwas Verkehrtes, dem naturhistorischen Unterrichte dadurch Interesse verleihen zu wollen, daß man aus allen Erdtheilen das sogenannte Interessante herbeizieht, und durch Mittheilung desselben die Schüler für den Augenblick fesselt. Eine auf solche Weise erzielte momentane Theilnahme ist sehr weit verschieden von der eingehenden Betrachtung eines angeschauten, nicht sowohl in seiner Eigenthümlichkeit, als auch in seiner kulturhistorischen Bedeutung erkannten Naturgegenstandes. Und diese allseitig zu betrachtenden Naturgegenstände sollen zunächst solche sein, die dem Schüler nahe liegen, von denen er täglich umgeben wird; sie sollen es auch sein, durch die er zur sinnigen Naturanschauung geführt wird. Die Natur ist in jedem ihrer Geschöpfe interessant; es kommt nur darauf an, daß man sie mit rechtem Auge ansehe.

Durch eine hiernach zu treffende Auswahl der zu betrachtenden Individuen tritt noch ein anderes, höchst wichtiges Moment hinzu: der Schüler soll belehrt werden über die Bedeutung der einzelnen Naturproducte, die sie in der Kultur haben, in Bezug auf die Verwendung, die sie von Menschenhand im Handel und Gewerbe finden. So beim Unterricht in der Zoologie, so in der Botanik, und ebenso in der Mineralogie. Aus dieser Forderung heraus sind die vorliegenden Biographien entstanden. Sie enthalten **Material für den Lehrer**, können aber auch dem Schüler in die Hand gegeben werden, und möchten gleicherweise von dem Freunde der Natur nicht ganz ohne Interesse gelesen werden. Die Charakteristik der einzelnen Thiere glauben wir, sowohl nach äußerer, wie nach innerer Beschaffenheit derselben, möglichst vollständig gegeben zu haben. Dabei erschien es uns wesentlich, die Kultur-Geschichte eines jeden Hausthieres hinzuzufügen, weil oft daraus erst seine volle Bedeutung hinsichtlich seiner jetzigen Stellung zu dem Menschen sich klar herausstellt.

In Bezug auf die Stellung dieser zwölf Biographien innerhalb des Schulunterrichts bemerken wir kurz dieses: die Besprechung derselben nimmt in zwei bis drei wöchentlichen Lehrstunden den Winter-Cursus in Anspruch, und zwar auf der Stufe, auf welcher der naturhistorische Unterricht beginnt; diese zwölf Biographien bilden den ersten Cursus. — Für Schulen, in denen nur ein Cursus ist, würde der naturkundliche Unterricht damit abschließen. Was sollte auch dem Schüler, der seinem Bildungsgange gemäß nur ein Minimum von dem naturhistorischen Unterrichte empfangen kann, Zweckmäßigeres geboten werden, als die Kenntniß der Hausthiere? Und wohl ihm, wenn er diese Kenntniß so erlangte, daß auch sein Gemüth nicht leer dabei ausging!

Bilden somit diese zwölf Biographien in gewisser Beziehung ein abgeschlossenes Ganze, so sind sie doch andererseits ein erster Cursus für einen weitergehenden Unterricht. Darum begnügt sich auch jede einzelne Biographie nicht damit, das Thier für sich nach allen Seiten hin zu betrachten, vielmehr wird es auch als Individuum einer großen Familie besprochen, und ihm seine Stellung in derselben angewiesen. Darum macht auch der Schüler durch dieses eine Thier zugleich die Bekanntschaft seiner ihm mehr oder weniger nahe stehenden Vettern. Er hört deshalb von der Zahnbildung, von der Bildung der Zehen, als Huf ꝛc., und anderer charakteristischer Merkmale das Nöthige, um entscheiden zu lernen, nach welcher Seite hin die Verwandtschaft des Thieres zu suchen. Will man hierin einen Vorwurf finden, nach welchem wir doch auf System und dergleichen kämen, so nehmen wir ihn an, glauben aber die Rechtfertigung zu demselben in dem Hinweis zu erblicken, daß die Biographien auch die Basis zu einem weitergehenden, in seiner Spitze wissenschaftlichen Unterricht abgeben sollen. Ein zweiter Theil wird, ebenfalls in Biographien, andere mit dem Menschen in Berührung tretende Thiere der Heimath, so wie die Hausthiere außereuropäischer Völker enthalten. Aehnlich dem schon im ersten Theile hervortretenden Streben wird auch die Darstellung des zweiten Theiles darauf Bedacht nehmen, daß der Schüler durch die charakterisirten Individuen zugleich ganze Thiergruppen zu überschauen im Stande sei.

Nach den hier befolgten Grundsätzen sollen für den naturkundlichen Unterricht im Sommer zunächst zwei Curse für die Botanik erscheinen. Noch mehr als in der Zoologie ist in der Botanik eine weise Auswahl zu treffen nöthig. Soll dieses aber geschehen können, so muß der Lehrer genau wissen, welche Grundsätze ihn durch die Blumenwelt leiten sollen, zumal, wenn der schöne Mai und Juni in Verlegenheit zu bringen droht, was er von dem so reichlich Dargebotenen zuerst zu nehmen, worauf er besonders einzugehen habe, was Haupt- und was Nebensache, und wie bei alledem es anzufangen sei, damit die Freude an der schönen Gottes-Natur einziehe in das Herz seines Schülers, damit neben der Erkenntniß auch das Gemüth gebildet und befruchtet werde. Es werden demnach die beiden Curse nicht bloß Material liefern, sondern auch einen Wegweiser durch die Botanik der Volksschule abgeben. —

Für die obere Klasse dürfte es noch wünschenswerth erscheinen, daß die in's Leben übertretenden Schüler einige Kenntnisse über das Mineralreich gewönnen; daher wird in einem besonderen Cursus, der ein Winterhalbjahr in Anspruch nähme, dasjenige des Mineralreichs der Besprechung unterworfen werden, was in dem Verkehrsleben am häufigsten seine Verwendung findet.

Berlin, im October 1857.

G. A. R.

A. Säugethiere.

I. Der Hund.

Den Hund, diesen treuen Gefährten des Menschen, kennt Groß und Klein. Wie viele Menschen haben sich an den Umgang mit ihm gewöhnt, wie an den eines Freundes! Wie oft ist er der treuste, friedfertigste Spielgenosse des Kindes! — Hast du aber schon bemerkt, daß er nicht, wie du, auf der Fußsohle einherschreitet, sondern daß er bei jedem Tritt nur die Zehen auf den Boden setzt, und daß er an seinen Hinterfüßen eine Zehe weniger hat als an den Vorderfüßen? Die Krallen, welche die fünf (vier) Zehen bewaffnen, sind bedeutend stumpfer, als dies bei der Katze der Fall ist, auch kann er sie nicht in eine Scheide zurückziehen und hervorstrecken, wie die Katze es vermag. — Oft hast du ihm vielleicht schon die Hand in's Maul gesteckt und hast nicht an sein scharfes Gebiß gedacht. Er hat 10 Zähne mehr als der Mensch, nämlich 42, von denen $\frac{6}{6}$ Schneidezähne, $\frac{1.1}{1.1}$ Eckzähne und $\frac{6.6}{7.7}$ Backenzähne sind. Das aber hast du tausendmal bemerkt, daß ihm nach einem schnellen Laufe oder sonstiger Anstrengung die Zunge trocken zum Halse heraushängt, wurdest jedoch nicht gewahr, daß er fast gar nicht schwitzte. Wie schlecht würde es ihm auch sonst bekommen, wenn er, ohne sonderlich abgekühlt zu sein, in's Wasser springt oder hineingeworfen wird!

Das Alles kannst du alle Tage an ihm beobachten. Vieles von ihm ist indeß den gelehrtesten Naturforschern noch unbekannt und zweifelhaft. So herrschen z. B. noch bis jetzt Zweifel über seine Abstammung. Und in der That ist es eine so schwierige Aufgabe, diese Zweifel zu beseitigen, daß es wohl kaum möglich sein möchte, da die Hunderacen so unendlich verschieden sind, und einige mehr Aehnlichkeit mit dem Wolfe (z. B. die Wolfshunde), andere wieder mehr Aehnlichkeit mit dem Schakal und noch wieder andere mehr Aehnlichkeit mit dem Fuchse haben. Daher kommt es auch, daß einige Naturforscher die Gattung des Hundes gar nicht als eine ursprüngliche gelten lassen wollen, sondern das ganze Hundegeschlecht nur als eine Bastardschöpfung, theils vom Wolfe, theils vom Schakal herstammend, betrachten. Diese Ansicht beruht aber auf einer unerwiesenen Behauptung, denn es giebt in verschiedenen Gegenden der bekannten Länder wirklich wilde Hunde, obwohl da noch Viele eine allmälige Verwilderung annehmen wollen.

Was die Mannigfaltigkeit und Stärke seiner Anlagen betrifft, so möchte man sagen, es fangen sich bei ihm bereits geistige Thätigkeiten zu regen an. Kein anderes Thier ist so klug und talentvoll, wie der Hund, das Pferd und der Elephant ausgenommen, welche mit ihrem wunderbaren Verstande dem menschlichen Wesen noch näher zu stehen scheinen. Aber in der Tiefe und Uneigennützigkeit seiner Gefühle, in der Uneigennützigkeit und Treue, mit der er dem Menschen ergeben ist, und selbst dem grausamsten Herrn dient, der seine Dienste mit Schlägen belohnt, in der unerschütterlichen Dankbarkeit, mit welcher er seinem Wohlthäter anhängt, und wo es sein muß, das Leben für ihn läßt, übertrifft der Hund nicht bloß alle Thiere, sondern beschämt auch viele Menschen.

Schon seine äußere Erscheinung macht es kund, daß er sich mehr als jedes andere Thier von den zwingenden Natureinflüssen zu einer bedeutenden Freiheit erhoben hat.

Wie charakteristisch sind nicht die bloßen Bewegungen des einzelnen Hundes! In der Ruhe sitzt er auf den Hinterfüßen; im Schlafe liegt er entweder auf dem Bauche, die Hinterfüße angezogen und den Kopf zwischen die Vorderfüße geschoben, — oder bei großer Hitze auf der Seite mit völlig ausgestreckten Vorder- und Hinterbeinen. Ist er ermattet, legt er sich platt auf den Bauch, die Hinterbeine ganz nach hinten ausgestreckt, und die Schnauze mit einer der Vorderpfoten bedeckt; ist es ihm kalt, so rollt und kugelt er sich zusammen und stößt die Schnauze zwischen die Hinterbeine. Und wenn die Abrichtung noch hinzukommt, sitzt der Hund, steht und geht auf den Hinterbeinen, hüpft und tanzt, geht selbst auf den Vorderbeinen, schießt Purzelbäume, gleich dem besten Gaukler. Er weiß kleinere Gegenstände vom Boden aufzunehmen und sie seinem Herrn zu bringen; selbst Geldstücke vermag er aus dem Wasser herauszuholen. Verloren gegangene Sachen sucht er wieder, um sie mit freudigem Wedeln seinem Herrn zurückzubringen.

Wie charakteristisch ferner ist die Modulation seiner Stimme! Kein anderes Säugethier zeigt eine solche Verschiedenheit der Töne, und kein anderes durchläuft eine solche Tonleiter der Empfindungen vom tiefsten Schmerz, von der Klage und Wehmuth und Trauer bis zum Zorn und Aerger, bis zum Muth, der Freude und Lustigkeit, die sich bis zum Uebermuthe steigert. – Wenn sich die Hunde gegenseitig bei der Jagd ermuthigen, wenn sie bei einem entfernten Geräusch ihre Wachsamkeit bezeichnen oder wenn sie eine Bitte vorbringen wollen: immer haben sie bestimmte Laute, welche das bestimmte Gefühl bezeichnen. Bald ein tiefes zitterndes Gurgeln, als Zeichen der Ungeduld, bald ein leises Knurren bei steigendem Aerger, wesentlich verschieden von dem Knurren bei Annäherung eines Fremden; das harmlose Bellen, wie verschieden von dem zornigen Bellen, das bei zunehmender Wildheit zum Schreien wird. Die Klage beginnt mit dem Heulen, das immer beweglicher wird, und zuletzt in ein Weinen übergeht. Man beobachte einmal die verschiedenen Laute eines Schäferhundes; wie bezeichnend! Das eigenthümliche, halbverschluckte Blaffen, als Ausdruck verliehener, sich fühlender Macht — ein Ton, der von der Heerde sehr gut verstanden wird; die ernstere aber kürzere Wiederholung, wenn das erste Zeichen nicht beachtet ward, gefolgt von dem tiefen rauhen Laut, der eine Drohung überbringt; und endlich das scharfe Knurren, wenn er es für nöthig hält, an Ort und Stelle zu eilen, um seine Befehle selber auszuführen und dann in einigen helleren, lauteren Tönen seinem Aerger Luft zu machen! — Wie bezeichnend tönt die Stimme eines Hundes, der eine Thür geöffnet haben will; wie ganz anders bei dem Betteln um Speise oder wenn er eingesperrt ist!

Besonders interessant ist es, zu beobachten, wie bei den einzelnen Hunderacen auch bestimmte Charakterzüge ausgeprägt sind. Es ist als ob in der Eigenthümlichkeit jeder Spielart eine besondere Tugend oder ein besonderes Laster des Menschen sich darstellten. Zum Beispiel der Pudel, dieser gelehrigste aller Hunde, ist der eitelste von allen, als ob er sich, einem Stutzer gleich, auf sein langes gekräuseltes Haar etwas einbildete. Der kleine Mops mit seiner unbedeutenden lächerlichen Figur ist wieder ein arger Kläffer, der gleich manchem oberflächlichen, unbedeutenden Menschen den meisten Lärm macht. Wie paart sich dagegen in dem starken englischen Bull-Dogg ein edler Stolz mit der gewaltigen Kraft! Als einst ein solcher Mastiff von einem spieligen kleinen Kläffer über die Maaßen belästigt wurde, ertrug er das eine Zeit lang mit Geduld, ohne sich zu rühren. Endlich, der unaufhörlichen Neckerei müde, stand er auf, ergriff ganz gemächlich den Kleinen am Genick und trug ihn in das nahegelegene Wasser, wo sich die Necksucht des Kläffers alsbald abkühlte. Eine andere Dogge ward einst von einer ganzen Heerde kleiner Kläffer bellend angefallen und umringt; ruhig, ohne sich darum zu kümmern, setzte sie ihren Weg fort. Doch als ihr auch das Gehen verhindert ward, stand sie still, lüftete blos ihre Hinterpfote, und erschrocken fuhr der ganze Troß auseinander.

Neben vielen Tugenden der Hunde stehen freilich auch manche Laster; in ihrem vertrauten Umgange mit dem Menschen scheinen diese Thiere manche Untugenden sich angeeignet und menschliche Schwächen gelernt zu haben. Ueberdieß ist zu beachten, je sklavischer ein Thier behandelt wird, desto mehr wird auch die edle Natur in ihm erstickt. Wie eifersüchtig sind manche Hunde auf ihres Herrn Gunst, wie schnell im Entdecken des angenehmen Besuchs, und wie grob und unverschämt gegen den Besuch der Armen und Niedrigen, ganz ähnlich den Lakaien vornehmer Herren, deren Höflichkeit sich nach dem Kleide des Ankommenden richtet. — Wie selbstsüchtig und neidisch sind sie beim Fressen, wie tyrannisch gegen die Schwächeren ihres Geschlechts und wie kriechend gegen Stärkere! Selbst schlau und diebisch wissen sie sich ein schmackhaftes Stück Fleisch zu verschaffen. Ich hatte Gelegenheit, zu beobachten, mit welcher Schlauheit ein Hund hin und wieder eine Wurst oder ein Stück Fleisch aus einem Schlächterscharren zu erlangen wußte. Wenn ihn der Appetit ankam, recognoscirte er erst das Terrain, schlich an der entgegengesetzten Häuserreihe entlang, richtete scharfe Seitenblicke nach dem Fleischhause, ging aber ruhig weiter, mehrere Hundert Schritte vor dem Hause vorbei. Dann überschritt er die Straße und ging, immer noch scharf um sich blickend, an der Häuserreihe zurück, in welcher das betreffende Haus lag. Er näherte sich ganz bedächtig, guckte hinein in die offene Thür, und eines Satzes bedurfte es nur, dann hatte er seine Beute erpackt; nun ging's in weiten Sprüngen fort, um an sicherer Stelle seinen Raub genießen zu können. — Immerhin aber werden ihre Fehler weit von ihren Tugenden aufgewogen.

Kein anderes Thiergeschlecht bietet so viele und mannigfaltige Unterschiede in seinen Arten dar, wie das Hundegeschlecht; man zählt mehr als zwanzig verschiedene Racen — der Uebergänge und Spielarten gar nicht einmal zu erwähnen, — welche sich oft nicht im geringsten ähnlich sind. Was für ein Gegensatz zwischen einem Spitz mit seiner langen spitzen Schnauze, seinen gerade aufstehenden, spitzen Ohren, dem gerollten Schwanze — und dem englischen Bull-Dogg, dem Riesen seines Geschlechts, mit der kurzen dicken Schnauze, dem starken muskulösen Nacken, den kräftigen Beinen, den hängenden Ohren, überhängenden Lefzen und der gespaltenen Nase! Oder zwischen einem Windhunde und einem Dachsel! Jener mit der übermäßig spitzen Schnauze, mit dem schlanken Körper, dünnen, hohen Beinen, kleinen, nur an der Spitze herabhängenden Ohren, und langem dünnen Schwanze; dieser mit kurzen, krummen, oft doppelt ausgeschweiften Beinen und breiten, lang herabhängenden Ohren. Und dazu wieder ein Pudel, dessen langes, gekräuseltes Haar im Vergleich zu dem kurzen der Dogge oder des Windhundes einer ganz andern Thierart anzugehören scheint, und dessen stumpfer Kopf das gerade Gegentheil bildet von dem Kopfe eines Windhundes. Welcher Unterschied in der Größe zwischen dem gewaltigen Neufundländer und dem kleinen Pinscher. Wir nennen noch den Alpenhund, den Isländischen Hund, den Jagdhund, zu welchem die Schweißhunde, die Spürhunde und die Finder gehören: Und doch erkennt jedes Kind sie alle auf den ersten Blick, und spricht auch von dem noch nie gesehenen, sobald er ihm begegnet: Es ist ein Hund!

Sie haben alle getreulich ihren Grundcharakter bewahrt: die Anhänglichkeit und Liebe zu dem Menschen; so verschieden auch ihre Kraft, ihr Temperament, ihre Anlagen und Triebe: an Treue läßt es keiner fehlen. Jeder dient nach seiner besonderen Eigenthümlichkeit auf besondere Weise seinem Herrn. Selbst in ein und derselben Art, z. B. unter den Jagdhunden finden wir die verschiedensten Nuançen, und jede derselben scheint nur in einer besonderen Eigenthümlichkeit die andere zu übertreffen.

Da ist der Trüffelhund, welcher für nichts Anderes Sinn zu haben scheint als für die in der Erde verborgenen Pilze, die unter dem Namen Trüffeln einen bedeutenden Handelsartikel bilden, und auf deren Witterung er sich vortrefflich versteht.

Wo es gilt, den Fuchs oder Dachs aus seinem Baue zu treiben, da würden die großen Jagdhunde unnütz sein und verblüfft am Eingange stehen bleiben; doch der kleine Dachshund mit seinem langen, niedrigen Körper schlüpft muthig hinein, die beiden gekrümmten Vorderbeine sind ihm treffliche Spaten, mit welchen er als guter Bergmann wirthschaftet; sein im Verhältniß zu seiner Größe sehr starkes Gebiß kommt ihm bei etwaigem Ueberfall seiner Feinde vorzüglich zu Statten, und seine starke Stimme verkündet dem über ihm lauschenden Jäger genau, wo der Meister Reinecke steckt.

Wiederum vermag es nur der stärkere, gewandtere und schnellere Jagdhund, es mit dem stolzen Hirsche und dem flüchtigen Rehe aufzunehmen, und sein Vetter, der Hühnerhund, ist ein so wohlgeschulter Jägerbursch, daß ohne seine Hülfe der Mensch nur mit größter Noth einen Hasen oder eine Ente erjagen würde.

Der muntere regsame Spitz, welcher mit dem Fuhrmann die Landstraße durchwandert, und durch sein Bellen die Pferde munter erhält, als wollte er sie zum schnelleren Schritte auffordern, ist wieder der beste Begleiter auf der Reise, der beste Wächter des Wagens.

Die englische Dogge hinwiederum ist die stärkste und treueste Sicherheitswache für das Haus. Mit der ruhigsten Aufmerksamkeit sieht dieser kluge Wächter den nächtlichen Dieb heranschleichen; ohne zu bellen oder zu beißen, geht er ihm ganz still zur Seite. Sobald aber dieser die Hand an des Herrn Eigenthum legt, oder entspringen will, giebt der Wächter mit seiner vollen Stimme das Signal, und hält ihn fest, daß er an ein Entkommen nicht mehr denken darf.

Der große Alpen- oder St. Bernhardshund ist ein wahrer Schutzengel für den im Schneegestöber des Hochgebirges verirrten Wanderer, den er mit erstaunenswerthem Scharfsinn aufsucht und unter Obdach bringt. Von dem hoch über den Wolken erbauten Kloster auf dem St. Bernhard in der Schweiz wurden bisher jeden Winter einige von diesen Thieren, die besonders zu diesem Zweck abgerichtet waren, ausgesandt, um — gefolgt von den menschenfreundlichen Mönchen — die in Todesgefahr schwebenden Reisenden zu retten. Sobald nämlich dieser Hund einen Verunglückten ausgewittert hat, kehrt er in pfeilschnellem Laufe zu seinem Herrn zurück, und giebt durch Bellen und Wedeln mit dem Schwanze und unruhige Sprünge seine gemachte Entdeckung kund. Dann wendet er um, immer zurücksehend, ob man ihm auch folge, und führt seinen Herrn sicher nach der Stelle hin, wo der Verunglückte liegt.

Oft hängt man diesen Hunden ein Fäßchen mit Wein oder Branntwein und ein Körbchen mit Brot um den Hals, damit sie es dem ermüdeten Wanderer sogleich zur Stärkung darbieten können, und so erhält man auf diese Weise vielen Menschen das Leben.

Es ist erstaunlich, wie klug und gewandt sich die Alpenhunde bei solchen Gelegenheiten benehmen. — Ein Engländer ging mit seinem Führer in die schlüpfrigen Eisregionen der Gletscher hinaus; als er sich einer furchtbar tiefen Eisspalte zu sehr nahete, wollte ihn sein Führer zurückhalten, gerieth aber mit dem Reisenden zugleich in's Rutschen. Da erfaßte der Hund mit Blitzesschnelle die Kleider seines Herrn, stemmte sich mit aller Kraft gegen die Eiswand, und die beiden Männer entgingen dem Tode. — Wer kennt nicht die Erzählung von dem Hunde Barry, der so manchem Verunglückten das Leben rettete? —

Es scheint, daß zum Leben des Menschen nothwendig der Hund gehört. Wo der Mensch hauset, da findet sich auch dieses Thier. In allen Klimaten und Ländern, auf den Bergen und in den Thälern, auf den Inseln der Südsee wie am Nordkap, in den heißen Sandwüsten Afrika's wie in den erstarrten Schneegefilden Sibirien's — überall ist der Hund zu finden, überall den Menschen nöthig und nützlich und Allen Alles geworden. — Hier ist er Wächter, dort Jäger; hier Zugvieh, dort Schlachtvieh; hier Fischer, dort Hirt; hier Soldat, dort Polizei. Wie sollten unsere Fleischer ihr Vieh nach Hause bringen ohne den Hund? Wie sollte der Kamtschadale leben ohne seine Hunde?

Von letzteren laß dir Einiges erzählen, denn es sind merkwürdige Thiere, von unseren Hunden sehr verschieden. Sie haben eine spitze Schnauze und spitze Ohren; ihre Gestalt ähnelt dem Wolfe. Unter allen Hunden Sibirien's gelten sie für die besten Läufer, und sie werden von ihrem Feuer oft so hingerissen, daß sie sich im Ziehen Glieder ausrenken. Sie sind so kräftig, daß ihrer vier, die man gewöhnlich vor einen Schlitten spannt, drei Männer sammt ihrem Gepäck ziemlich leicht fortziehen. Der tiefe Schnee, über den sie fortlaufen, ohne einzusinken, die steilen Gebirge, die engen Thäler, die Bäche und Waldströme, die entweder gar nicht, oder nur schwach zufrieren, der Schnee, den die Winde zusammenwehen und der die Wege versperrt: Alles dies müßte das Zusammenkommen der Menschen für den Winter unmöglich machen, ohne den Hund, denn Pferde wären da nicht zu gebrauchen, noch weniger anderes Zugvieh; wo sollte auch das Futter für solche Thiere herkommen? Kamtschatka wäre eine traurige Einöde, von dem Menschen geflohen; aber Gott hat den Bewohnern dieses Landes den Hund geschenkt, und mit ihm das ganze Land, das durch ihn erst bewohnbar wird.

Sehr interessant ist es, zu sehen, wie es die Menschen dort anfangen, um aus den Hunden Zugpferde zu bilden. Man wirft die Jungen, sobald sie sehen können, ganz unbarmherzig in eine dunkle Erdhöhle, wo sie so lange eingesperrt bleiben, bis man sie zu einem Versuche für tüchtig genug hält. Man spannt sie alsdann mit anderen schon eingeübten Hunden vor einen Schlitten, den sie aus Leibeskräften vorwärtsziehen, weil sie von dem ungewohnten Lichte und der Menge unbekannter Gegenstände, die sie auf einmal erblicken, wie geblendet werden. Nach diesem kurzen Versuche müssen sie wieder in ihren dunklen Kerker zurück, und von nun an wird dieses Verfahren so lange wiederholt, bis sie zum Zuge geschickt und gelehrig genug sind, den Zuruf ihres Führers zu verstehen.

Sie werden mittelst eines Halsbandes angespannt, das aus zwei Streifen Rennthier- oder Robbenfell besteht, welche den Hals umschließen, auf der Brust hinab zwischen den Vorderfüßen durchgehen und sich oben auf den Schultern wieder vereinigen, wo ein sehr starker Riemen angeknüpft ist, dessen anderes Ende an dem Schlitten befestigt wird.

Nur durch Ueberraschung und List gelingt es, die Hunde anzuspannen. Während der Zurüstungen heben sie die Köpfe in die Höhe und lassen ein klägliches Geheul hören; und sie haben auch Recht, ein Trauerlied anzustimmen, denn nun beginnt ihre Sklaverei. Doch sobald man abfährt, ist auch die Ruhe wieder hergestellt. Dann aber scheinen sie sich unter einander in Tücken zu überbieten, um die Geduld ihres Führers zu ermüden, oder ihn in Gefahr zu bringen. Kommen sie an eine gefährliche Stelle, so verdoppeln sie ihre Schnelligkeit; und will man nicht in einen Abgrund oder in einen Fluß gestürzt werden, so ist man nicht selten genöthigt, aus dem Schlitten zu springen, den man im nächsten Dorfe zerschmettert wiederfinden kann, wenn es den Hunden nicht gar gelungen ist, sich gänzlich in Freiheit zu setzen und in die Wälder zu flüchten. Es ist, als wollten sie sich an dem Menschen rächen für den Zwang, mit welchem er sie zu Diensten nöthigt, die eigentlich ihrer Natur widerstreben. Aber bald trägt doch der Mensch den Sieg davon; der Hund ergiebt sich in sein Schicksal und wird der treueste Diener bis in den Tod.

Will man ein Gespann bilden, so ist es vor Allem nöthig, einen guten Leithund auszuwählen, wobei hauptsächlich Gelehrigkeit und Kraft in Anschlag kommt. Der Führer des Schlittens sitzt mit ausgespreizten Beinen vorn, so daß seine Füße fast den Schnee berühren. In der Hand hält er eine lange Peitsche, die man nur nach vieler Uebung führen lernt; da jedoch die Kamtschadalen von Kindheit an damit umgehen, und der Gebrauch dieses Instrumentes einen Haupttheil ihrer Erziehung ausmacht, so wissen sie es sehr geschickt zu handhaben. Uebrigens vermeiden sie den Gebrauch der Peitsche so viel als nur möglich, weil er stets verdrießliche Folgen nach sich zieht, und die Fahrt eher aufhält als beschleunigt. Der Hund, welcher einen Peitschenhieb erhalten hat, stürzt sich auf den ihm nächsten und beißt ihn, der Gebissene thut einem Dritten desgleichen und so ist in einem Augenblicke das ganze Gespann in Unordnung.

Es ist, als ob der Hund eben menschlich vom Menschen behandelt sein wollte, weil er diesem an Verstand so nahe steht; darum bedarf es, um die Zughunde rechts oder links zu lenken oder anzutreiben, nur eines Zurufs. Die Kamtschadalen bedienen sich zu diesem Zwecke gewisser Worte, die von den Hunden sehr gut verstanden werden; der Leithund besonders merkt sehr gut auf dieselben, wenn man vorher nicht unterlassen hat, ihn beim Namen zu rufen. In diesem Falle dreht er, ohne im Laufe inne zu halten, den Kopf ein wenig nach hinten, um anzudeuten, daß er den Ruf verstanden.

Das mühevolle Leben dieser Thiere findet nur während des kurzen Sommers einige Erleichterung. Da sie in dieser Jahreszeit keine Dienste thun, so hat Niemand Acht auf sie und sie genießen die vollkommenste Freiheit, die sie benutzen, um ihren Hunger zu stillen.

Ihre Nahrung besteht einzig und allein aus Fischen, — denn sonst ist in Kamtschatka nichts zu haben, — und wollen sie dieselben verspeisen, so müssen sie erst selber den Fischer machen.

Mit vieler Schlauheit und Gewandtheit wissen sie die Fische zu erhaschen, und haben sie eine hinreichende Menge beisammen, so fressen sie gleich den Bären nur die Köpfe. Diese ihre Freuden- und Ruhezeit dauert jedoch nur bis zum Monat October, wo jeder Eigenthümer seine Hunde zusammentreibt, und sie in der Nähe seiner Wohnung anlegt. Ihre Dienstzeit beginnt damit, daß man sie hungern läßt, damit sie das überflüssige Fett, welches sie in der Freiheit gewonnen, wieder verlieren und zum Laufen geschickter werden. Sobald der erste Schnee gefallen ist, beginnt ihre Arbeit, und nun hört man wieder ihr klägliches Geheul, durch das sie ihre unglückliche Lage beklagen.

Der Beschwerden ungeachtet, welche diese Thiere im Winter zu erdulden haben, besteht ihre Nahrung in nichts als getrockneten, gesalzenen und verfaulten Fischen, von welchen man ihnen aber die gesalzenen nur als Leckerbissen und besonderes Stärkungsmittel reicht. Wird ihr Hunger zu groß, so steigen sie als entschlossene Diebe auf den Leitern keck in die Vorrathskammern ihres Herrn und zerfressen Alles, was von Leder ist.

Von einer Liebe gegen seinen Herrn kann bei solcher Behandlung, wie sie der kamtschadalische Hund erfährt, kaum die Rede sein; auch fühlt er sich nicht berufen, dessen Eigenthum zu vertheidigen, weil er nie bei ihm heimisch wird. Und dennoch blickt, bei aller Ausartung, der Grundcharakter der Treue und Aufopferung überall bei ihnen durch. Man kann mit ihrer Hülfe die unzugänglichsten Gebirge erklimmen und glücklich über die tiefsten Schneetriften gelangen. Es werden sogar vollständige Hundeposten für den Winter eingerichtet. Man fährt in drei Tagen 45 Meilen mit denselben Hunden. Ihre Spürkraft ist trefflich und in den Schneeländern ganz unschätzbar. Selbst in der größesten Dunkelheit und unter den heftigsten Stürmen finden sie den Ort ihrer Bestimmung, und irren sich selten, wofern man nur getrost ihrer Führung sich überläßt.

Ist der Weg so weit, daß man, was oft geschieht, die Nacht auf dem Schnee zubringen muß, so legen sich die Hunde neben ihren Herrn, und erhalten dadurch, daß sie ihm ihre Wärme mittheilen, ihrem Peiniger das Leben.

Wenn sie den Schnee aufscharren, so werden die Menschen dadurch gewarnt, da dies ein sicheres Vorzeichen eines herannahenden Sturmes ist.

Stirbt ein Hund, sei es durch Erschöpfung oder Alter, so benutzt sein Herr noch das Letzte, was er brauchen kann, die Haut, und so muß das hartbehandelte Thier, welches im Leben so oft den Herrn wärmte, diesem auch noch im Tode denselben Dienst erweisen.

In ähnlicher Weise entartet, aber immer noch von größtem Nutzen sind die türkischen Hunde, welche in großen Städten, namentlich in Konstantinopel, die Straßen- und Gesundheitspolizei vertreten, indem sie allen nur möglichen Unrath vertilgen. Nirgends in der Welt sieht man wohl eine größere Anzahl Hunde, als in Konstantinopel. Ohne einem Herrn zu gehören, bilden sie unter sich eigene Corporationen, von denen jede sich auf eine Straße beschränkt. Sie leben paarweis, ein Hund mit einer Hündin zusammen, und sind mit ihren Familien die treuesten Wächter des Hauses, vor welchem sie sich aufhalten und aus dem sie meist ihre Nahrung empfangen.

Läßt ein vierfüßiger Fremdling aus einer anderen Gasse sich gelüsten, ein fremdes Revier zu betreten, so wird er von den anderen dermaßen zugerichtet, daß er selten noch so viel Kraft behält, in seine Heimath zurückzukehren. Nicht selten führen die Hunde verschiedener Straßen wirklich Krieg gegen einander. —

Sind fremde Hunde aus den neuangekommenen Schiffen eingedrungen, so werden diese mit furchtbarer Wuth angefallen und zerfleischt. — Fremde Menschen werden, besonders des Abends, von den Hunden sehr oft umzingelt; Nachts wagt es kein Dieb, sich ihnen auszusetzen. Ein Franke, — so nennen die Türken jeden Europäer, der nicht Moslem ist, — der sich einmal an einem Hunde vergriffen hat, kommt ungestraft nie wieder durch die Straße, in welcher der Gezüchtigte haust. Hat er dagegen einmal ein Hundetraktament vor einem Bäckerladen gegeben, d. h. einen Brotkuchen unter die Hunde vertheilt, so wird er ebenso wenig wie ein Eingeborner verfolgt.

Ihre Nahrung besteht aus allerlei Resten von eßbaren Dingen, die man auf die stets schmutzigen Straßen wirft. Das Aas, um dessen Wegschaffung die Türken sich gar nicht kümmern, würde oft die Luft verpesten, wenn die Hunde nicht wären. — Die Mildthätigkeit des oft mit Unrecht verschrieenen Türken zeigt sich auch gegen diese Thiere. Viele Moslemin nämlich setzen in ihrem Testamente ein kleines Kapital aus, dessen Zinsen dazu bestimmt sind, zu Futter für diese herrenlosen Vierfüßler verwendet zu werden. Darum sieht man an jedem Morgen Leute, bepackt mit schlechtem Fleische durch die Straßen ziehen, auf deren eigenthümlichen Ruf die Hunde herbeieilen, um ihr Almosen in Empfang zu nehmen.

Wirft eine Hündin Junge, so baut der Hauseigenthümer, in dessen Nähe sich das Thier niedergelassen, eine kleine Strohhütte neben seiner Thür, wohinein sich die Alte mit ihren Jungen begiebt. Zur Verschönerung der Straßen dienen freilich solche Anbaue nicht, allein die mildthätige Absicht läßt das Unschöne übersehen.

Beim Sonnenscheine liegen die Hunde mitten in den Straßen und kümmern sich nicht im Geringsten um die Vorübergehenden, den „breiten Stein" behauptend, als wären sie die Herren der Straße. Bei schlechtem Wetter nehmen sie das durch die vorspringenden Dächer geschützte Trottoir ein, und auch hier muß man ihnen sehr subtil ausweichen, wenn man nicht böse Gesichter, knurrende Vorwürfe, oder auch beißende Erinnerungen in den Beinen mitnehmen will.

Während dem Moslemin die Hunde für unreine Thiere gelten, die er nicht berühren darf, wird auf Neu-Seeland und den kleinen Inseln des Südmeeres ihr Fleisch nicht bloß gegessen, sondern sogar dem Schweinefleisch vorgezogen. Sie werden aber vorher mit Pflanzenstoffen gemästet, weil diese das Fleisch wohlschmeckender machen. — In Australien sind die Hunde sehr ausgeartet. Die wilden (jedenfalls aber nur verwilderten) Hunde machen in Meuten Jagd auf die Känguruh's. Sie bellen nicht, sondern heulen nur. — Die zahlreichen verwilderten Hunde auf der Koralleninsel Juan de Nova (zwischen den Sechellen und Isle de France), von verschiedenen Racen abstammend, welche die Schiffe dort zurückließen, fressen Schildkröteneier, Schildkröten, Seevögel, trinken sogar das salzige Seewasser und haben das Bellen ganz und gar verlernt.

Auch bei uns in Deutschland giebt es gar viele Leute, welche einen gut gebratenen Hund mit Vergnügen verzehren, und sein Fett auf Semmel gestrichen, genießen, weil es, selbst von den Aerzten vielfach empfohlen, sehr heilsam gegen die Schwindsucht sein soll. — In China und vielen Inseln des indischen Archipels ist der Hund eines von den Lieblingsgerichten der Eingebornen; auch die Tungusen verschmähen ihn nicht, und die Grönländer und Eskimo's benutzen sein Fleisch als Aushülfe, wenn ihnen die andere Nahrung ausgeht. Ja, im östlichen Afrika, an der Goldküste werden die Hunde ordentlich gemästet zu Markte gebracht und lieber als alles andere Fleisch gegessen, und in Angola werden öfters mehrere Sklaven für einen gut gemästeten Hund hingegeben. — So ist dieses Thier hier Schlachtvieh, dort Zugvieh, dort beides zugleich, und überall dem Menschen von Nutzen.

Müssen wir ihm in jeder Hinsicht die vollste Dankbarkeit zollen, so verdient er auch unsere vollste Bewunderung, wenn wir ihn als starken, tapferen und klugen Kriegshelden erblicken.

Am Kap des südlichen Afrika ist er den Kolonisten unschätzbar als kühner Soldat und immer wachsame Schutzwache. Ein berühmter Reisender berichtet, daß in der Nacht vor seiner Ankunft auf dem Kap die Hunde des Wirthes eine große gefleckte Hyäne, die der Hunger zu nahe an die Schafheerde gelockt haben mochte, todt gebissen hatten. Die Leiche des Thieres und zweier Hunde, die im Kampfe ihr Leben einbüßen mußten, lagen noch auf dem Kampfplatze. Die übrigen Rüden hatten sich an die schattige Seite des Hauses zusammengedrängt und leckten ihre Wunden. Man wird nicht leicht kühnere und muthigere Thiere finden, als die der Kolonisten am Kap und der nördlich von ihnen wohnenden Boörs an der Natal-Bai. Sie gehören fast alle der Doggen- und neufundländischen Race an, oder einer Mischung vom Bullenbeißer und Windhund.

Ihre Tapferkeit ist ihnen angeboren, aber sie entwickelt sich erst auf das Glänzendste in den vielen Kämpfen, die sie mit Hyänen und Leoparden zu bestehen haben. Auf den Ländereien der Kolonisten, welche eine ausgedehntere Schafzucht betreiben, trifft man nicht selten zehn bis funfzehn solcher Hunde an, die oft so böse sind, daß man sich weder bei Tage noch bei Nacht zu Fuß dem Hause nähern darf. Sie werden mit dem Abfall der geschlachteten Schafe ernährt, sind aber gewöhnlich so mager und räudig, daß es ein Jammer ist, sie anzusehen. Die gewöhnlichste Race ist eine große Art von Windhunden, von denen drei im Stande sind, einen Parder todt zu beißen.

Sie werden frühe zum Kampf mit den wilden Thieren abgerichtet, und sind besonders deshalb so nützlich, weil sie eine Menge Pulver und Blei ersparen, das zu gewissen Zeiten, wenn die Ausfuhr aus Europa gehemmt ist, ein sehr kostbarer Gegenstand wird. Wo sollte auch der Besitzer zahlreicher Heerden die Zeit hernehmen, um überall und stets auf dem Anstande zu sein!

Auf manchen Gütern sieht man drei bis vier Hunde allein auf die Jagd gehen, um ihrem Herrn einen Braten zu fangen. In etwas wildreichen Gegenden ist es fast immer der Fall, daß sie eine Antilope erlegen. In solchem Falle kommt einer von den vierfüßigen Jägern allein nach Hause und ruht nicht eher, bis Jemand mit ihm geht, um die Beute abzuholen. Die übrigen bleiben während dieser Zeit ruhig bei dem Wilde, um es gegen die Raubthiere zu schützen.

So halten diese Thiere nicht bloß menschliche Diebe und Räuber von dem Besitzthum ihres Herrn ab, sondern schützen es auch gegen die an Kraft ihnen weit überlegenen reißenden Thiere. Was ihnen an Stärke fehlt, ersetzen sie durch Gewandheit und List. Die Erziehung durch den Menschen kommt ihnen dabei zu Hülfe und lehrt sie, bei dem ersten Angriffe ihren Naturtrieb zu verleugnen, nämlich den Feind nicht an der Gurgel, wie es sonst bei den Hunden herkömmlich ist, sondern am Ohr zu packen, damit die Kampfgenossen desto sicherer das Thier an der tödtlichen Stelle zu fassen im Stande sind. Es ist nicht zu viel gesagt, daß ohne Hunde, und namentlich ohne solche Hunde, diese Gegenden gar nicht bewohnbar wären. Durch sie wird der Bosjesmann (Buschmann) ebenso wie der Parder und Schakal abgewehrt, und selbst den Löwen schreckt das muthige Bellen der treuen Schaar zurück, der an Wachsamkeit und Genügsamkeit keine andere Dienerschaft auf der ganzen Erde gleich kommen möchte.

So gut dem Hunde die Uniform des Kriegers ansteht, so trefflich weiß er sich auch in das einfache Kleid des Hirten zu schicken, und er wetteifert mit dem besten menschlichen Hirten in Sorgfalt und Pünktlichkeit. — Zu Buenos-Ayres in Südamerika haben die Schafe und Ziegen keine anderen Hirten als Hunde. Diese treiben Morgens die Heerde vom Hofe, führen sie auf die Weide, begleiten sie den ganzen Tag, halten sie zusammen und vertheidigen sie gegen jeden Angriff. Bei Sonnenuntergang führen sie dieselbe wieder nach

Hause, wo sie ihr Nachtlager finden. Zu diesen Hütern wählt man aber nur Hunde starker Art. Man nimmt sie von der Mutter weg, ehe ihre Augen geöffnet sind und läßt sie an verschiedenen Schafen saugen, die man mit Gewalt festhält. Sie dürfen nie den Viehhof verlassen bis sie erwachsen sind; dann läßt man sie mit der Heerde ausgehen. Früh Morgens giebt der Eigenthümer der Heerde dem Hirtenhunde reichlich zu essen und zu trinken, weil dieser, wenn ihn auf der Weide der Hunger anwandelte, um Mittag die Heerde nach Hause treiben würde. Gewöhnlich hängt man ihm noch ein Stück Fleisch um den Hals als Mitgift für den Tag; aber es darf kein Schaffleisch sein, denn selbst vom wüthendsten Hunger geplagt, würde er dies nicht anrühren. Das Schaf hat ihm die Muttermilch gereicht und das vergißt er in seinem Leben nicht.

Die Hunde sind mancherlei Krankheiten unterworfen. — Sie bekommen öfters die Räude, wenn sie zu fett werden. Es fallen ihnen dadurch die Haare aus, sie magern ungemein ab und haben ein ekelhaftes Aussehen. Ein Mittel dagegen ist, daß man sie mit altem Fett und Anisöl einreibt, und namentlich den Kopf und den Rücken bis zum Schwanze hinab damit bestreicht.

Eine der gefährlichsten und unheilbaren Krankheiten ist die Tollwuth. Sie stellt sich entweder in der größesten Kälte oder in der größesten Hitze ein. Das davon befallene Thier zeigt sich zunächst träge, sucht die Einsamkeit auf, seine Augen werden trübe und fangen an zu eitern. Es läßt die ihm gereichte Nahrung stehen und die Ohren und den Schwanz hängen. Vom Maule, aus dem die Zunge lang heraushängt, tröpfelt der Geifer herab. Hiermit hat die Tollwuth ihr höchstes und gefährlichstes Stadium erreicht; das Thier fängt an zu beißen. Der erste Biß ist der gefährlichste, die übrigen, wenn sie schnell auf einander folgen, verursachen eine mindere Gefahr; die letzten sollen angeblich ganz schadlos sein.

Ist Jemand durch einen von der Tollwuth befallenen Hund verwundet worden, so eile man, dem Unglücklichen die Hülfe des Arztes zu verschaffen. Ehe jedoch der Arzt anlangt, wasche man die Wunde sofort gehörig mit Salzwasser aus, oder lege recht scharf gesalzenen Häring, in der Mitte gespalten mit der inneren Seite darauf und wechsele damit alle Viertelstunden. Man zögere nicht, diese Mittel anzuwenden, denn es muß gar oft, wenn überhaupt noch Rettung möglich ist, die Wunde ausgeschnitten oder ausgebrannt werden.

Zuweilen geschieht es auch, daß der Biß eines gesunden Hundes, der sehr gereizt worden ist, gefährlich wirken kann. Man thut daher gut, wenn man auf jede Wunde, vom Hundebiß entstanden, Haare von dem Hunde legt, der den Biß verursacht hat; es ist dies ein Mittel, das vielfach mit Erfolg angewendet worden sein soll.

Nun noch Einiges von der Verwandtschaft des Hundes. Er gehört bekanntlich wegen seines Gebisses zu den **Raubthieren**, und zwar zu denen, welche einen länglichen Kopf haben und „hundeartige Raubthiere" genannt werden. Diese haben die Eigenthümlichkeit, daß sie ihre Beute durch Jagen und im Laufe ergreifen. Ihr Gesicht ist sehr scharf; bei einigen, die sich meistens von todten Thieren nähren, ist wieder der Geruchssinn am meisten ausgebildet.

Zu den hundeartigen Raubthieren gehört die Hyäne, bei welcher man die gestreifte in Westasien und Nordafrika und die gefleckte in Südafrika unterscheidet. Ihre Gefräßigkeit geht so weit, daß sie sogar Leichen auf den Kirchhöfen ausscharrt und verzehrt.

Andere Verwandte des Hundes sind der bei uns lebende schlaue Fuchs, von dem die Abarten: der Polarfuchs, der blaue und der dreifarbige Fuchs im hohen Norden zu Hause sind, der hungrige Wolf, welcher in fast ganz Europa und in Nordasien lebt, und der Schakal, dessen Heimath in Asien, Nordafrika und Dalmatien ist.

II. Die Katze.

Wie der Hund das treffende Beispiel der Treue gegen den Menschen ist, so wird dagegen die Katze — im Gegensatz zu ihm — oft als Beispiel der Falschheit genannt. Indessen geschieht es wohl nicht ganz mit Recht; denn man hat Katzen bei der Wiederkehr ihrer Herren oder solcher Personen, die sie besonders gehegt und gepflegt hatten, offenbare Freude an den Tag legen sehen, die sie durch Anschmiegen des Kopfes, des Körpers und des aufrechtgehaltenen Schwanzes, ganz besonders aber durch das bekannte Schnurren kund gaben. Man weiß auch, daß Katzen ihr Möglichstes thaten, das Eigenthum ihres Herrn ebenso zu schützen, wie ein Hund. Die wichtigste Eigenschaft der Katze aber, durch welche sie für den Menschen erst Werth erhält, ist ihr Hang, lebende Thiere zu tödten. Zähmung vertilgt diesen Hang nicht, denn auch mancher wohlgenährte Mitinhaber unserer Stuben vergißt nicht, seine nächtlichen Streifzüge durch jeden Theil des Hauses zu machen, wo es etwa Mäuse geben könnte.

Die zahme Katze stammt von der wilden ab. Diese ist grau gefärbt und mit vier schwarzbraunen Nackenstreifen geziert; ihr Schwanz ist gleich dick, geringelt und hat eine schwarze Spitze. Sie lebt in größeren Wäldern Europa's und anderer Erdtheile. Daß indeß die Zähmung der Katze sie von ihrer wilden Genossin nicht ganz entfremdet hat, geht aus dem Umstande hervor, daß zahme und wilde Katzen sich öfters paaren. Es kommt nicht selten vor, daß zur Zeit der Brunst Kater und Katzen die Häuser verlassen, um sich in den Wäldern die wilden aufzusuchen. Erst nach einigen Wochen kehren sie wieder zurück.

Die Hauskatze hat sich durch die Pflege des Menschen wesentlich verändert. Ihre Färbung ist mannigfaltiger geworden, denn es giebt einige, welche dreierlei (und sehr oft ganz helle) Farben an sich tragen. So sind die spanischen Katzen roth, weiß und schwarz; ihr Haar ist sehr weich und wird zu wollenen Stoffen verwendet. Diese Katzen wurden nach der Entdeckung Amerika's wahrscheinlich auch dorthin gebracht und sind später verwildert. Man fand viele davon auf den Antillen, wie du Tertre erzählt. Er sagt: „Die meisten sind roth, weiß und schwarz gesprenkelt. Mehrere Franzosen nehmen, nachdem sie das Fleisch derselben gegessen haben, die Häute mit nach Frankreich, um sie zu verkaufen. Im Anfange, da wir uns auf Guadaloupe befanden, waren diese Katzen so verwöhnt, sich mit Rebhühnern, Turteltauben, Drosseln und anderen kleinen Vögeln zu nähren, daß sie die Ratten keines Blickes würdigten; nun aber das Wildprett sich gegenwärtig sehr vermindert hat, haben sie den Waffenstillstand mit den Ratten gebrochen und führen einen lebhaften Krieg mit ihnen."

Auch die veränderte Nahrung der gezähmten Katze hat einen wesentlichen Einfluß auf sie ausgeübt, denn dadurch, daß sie nicht bloß Fleisch frißt, sondern sich auch allenfalls mit Brot und anderer Pflanzennahrung begnügt, hat der Körperbau eine Abänderung erlitten. Es sind nämlich durch den Einfluß der Pflanzen-Nahrung die Eingeweide länger geworden, als sie ursprünglich waren und wie sie sich noch bei der wilden Katze finden. — Die Hauskatzen sind sogar soweit ausgeartet, daß sie Insekten fressen, jedenfalls um ihrer Neigung zu fröhnen, lebende Thiere zu tödten. An schönen Sommerabenden, zu welcher Zeit die Mai- und andere Käfer, so auch der gemeine Brach- oder Junikäfer die Bäume und andere Gegenstände umschwirren, kann man viele Katzen sehen, welche danach schnappen.

Der Gang der Katze ist leicht, fast immer ganz still und leise. Dabei ist die Katze leicht und gewandt. Sie hält sich immer sehr reinlich und putzt sich täglich; daher electrisirt ihr Haar leicht, und man sieht im Dunkeln Funken herausspringen, begleitet von einem Knistern, wenn man sie den Rücken entlang streicht. Ihre Augen leuchten im Finstern hell wie Diamanten. Die Bequemlichkeit liebt sie aber in hohem Maaße, denn sie sucht die weichsten Hausgeräthe auf, um darauf auszuruhen und sich zu ergötzen.

Ihre Zähne sind sehr kurz und stehen so schlecht, daß sie nur zum Zerreißen und nicht zum Zermalmen der Nahrung dienen können. Sie kauen daher nur sehr langsam und mühsam. Aus diesem Grunde lieben sie vorzugsweise die zartesten Speisen; Fische fressen sie besonders gern, roh oder gekocht. Auch trinken sie sehr oft.

Sonst scheuen sie das Wasser, die Kälte und die schlechten Gerüche; dagegen halten sie sich sehr gern in der Sonne auf, und suchen sich am liebsten an den wärmsten Oertern, hinter dem Schornsteine und in den Oefen zu betten. Auch lieben sie die Wohlgerüche und lassen sich gern von Personen, die dergleichen bei sich haben, streicheln und liebkosen. Der Geruch jener Pflanze, die man Katzenkraut nennt, erregt sie so lebhaft und so angenehm, daß sie dadurch vor Vergnügen entzückt scheinen.

Diejenige Eigenschaft der Katze, durch welche allein sie in ihrer Bedeutung als Hausthier gewinnt, ist — wie schon oben angedeutet — ihr Hang, lebende Thiere zu tödten. — Dieser unvertilgbare Hang ist es, welcher uns von der Last befreit, uns fortwährend von Ratten und Mäusen umwimmelt zu sehen; denn die Katzen sind geschworene Feinde derselben, mit unerbittlicher Strenge verfolgen sie Alles, was den Namen Maus oder Ratte führt und ruhen nicht eher, bis sie den letzten Sprößling ihrer Feindschaft vertilgt haben, der es wagte, sich in ihrem Bereich aufzuhalten.

Mit welcher Ausdauer und List sie bei Verfolgung ihrer Feinde zu Werke gehen, ist oft Staunen erregend und bewunderungswürdig. Zur Schilderung der Schlauheit, mit der sie ihre Beute erhaschen, wird folgende Erzählung genügen.

Mit wachsamen Augen bemerkte eine Katze eine Maus, welche am Eingange ihres Loches in Bewegung zu sein schien, sich aber nicht herauswagte, weil sie ihre Feindin, die Katze, gewahrte. Diese, da die Furchtsamkeit der Maus ihr alle Hoffnung raubte, sie erhaschen zu können, verließ schnell ihren Posten und legte sich auf die Erde, mit einer ganz gleichgültigen Miene, den Rücken nach dem

Loche der Maus hingekehrt. Durch diese anscheinende Ruhe der Katze getäuscht, wagte es das Thierchen, aus dem Loche heraus zu schlüpfen. Es setzte sich zitternd in einiger Entfernung von seiner Feindin nieder. Diese blieb aber unbeweglich. Dadurch bekam die Maus Muth, noch ein Paar Schritte zu versuchen. Die Gleichgültigkeit der Katze dauerte fort. Nun war die Maus herzhaft genug, rasch einen kleinen Lauf zu beginnen. Jetzt aber sprang die Katze schnell auf, jedoch nicht nach der Maus, sondern nach dem Loche, welches sie mit ihrer Pfote verstopfte. Durch diese List gelang es ihr, sich ihrer Beute zu versichern.

Die Katzen vertilgen übrigens ohne Unterschied die kleineren Thiere als: Vögel, junge Kaninchen, junge Hasen, Ratten, Mäuse, Hamster, Fledermäuse, Maulwürfe, Kröten, Frösche, Eidechsen und Schlangen. Einzelne wagen es sogar, auf die Jagd zu gehen, und selbst ausgewachsenen Hasen aufzulauern und sie zu fangen. Diesen zerkratzen und zerbeißen sie den Kopf und schleppen sie nach Hause.

Die Ursache, weßhalb die Katzen in ihrer Mordlust ohne Bedürfniß tödten, führt Büffon auf den Bau und die Bildung ihrer Augen zurück. — Die Pupille vermag sich bei schwachem Lichte, vorzüglich des Nachts bedeutend zu erweitern. Im Dunkeln ist sie rund und breit, das Gesicht der Katze ist daher des Nachts viel schärfer, und sie gehen darum meistens nur in dieser Zeit auf den Fang aus; am Tage ist sie lang und schmal wie eine Linie, sie wird fortwährend zusammengezogen und daher sehen sie nur mit Anstrengung bei Tage, für welchen sie sich einigen Vorrath zu verschaffen suchen.

Die Zeit der Paarung tritt bei ihnen in der Regel zwei Mal des Jahres ein, im Frühling und Herbst, doch kommen auch Ausnahmen vor, daß es drei, selbst vier Mal im Jahre geschieht. Nach 55 bis 56 Tagen werfen sie vier, fünf bis sechs Junge.

Da die Männchen ihre Nachkommenschaft in der frühesten Jugend gern fressen, so verbergen sich die Weibchen, wenn sie werfen; und fürchten sie, daß man ihre Jungen entdecke oder wegnehme, so tragen sie dieselben in Löcher oder an andere unbekannte oder unzugängliche Oerter; und nachdem sie einige Wochen lang sie gesäugt haben, bringen sie ihnen Mäuse, kleine Vögel u. s. w. und gewöhnen sie dadurch frühzeitig, Fleisch zu fressen. — Zuweilen kommt es auch vor, daß die zärtlichen Mütter, die ihren Jungen mit der größesten Sorgsamkeit Leckerbissen über Leckerbissen herbeischleppen, grausam genug werden, und sie ebenfalls auffressen.

Einzelne Beispiele giebt es auch wieder, daß Katzen andern jungen

Thieren, die sie sonst mit der größesten Mordlust tödten, ihre Sorgfalt und Pflege angedeihen lassen. Folgende Erzählung giebt uns einen Beleg dafür. — Ein Vater hatte einst einen jungen Hasen gefangen, den er mit nach Hause nahm, um seinen Kindern eine Freude damit zu machen. — Nach ein Paar Tagen war das junge Thierchen jedoch verschwunden und Niemand wußte, wo es geblieben war. Nach drei bis vier Wochen kam die Hauskatze, welche geworfen hatte, mit ihren Jungen hervor, und mitten unter ihnen befand sich das Häschen. Die Katze pflegte es, wie ihre Jungen, sie hatte es vor vier Wochen in ihr Lager geschleppt und wenn die jungen Mietzchen sogen, so that auch ein Gleiches ihr Adoptivbruder, der Hase. Erst als die Katzen entwöhnt wurden, mußte auch er sich darein fügen, Kohl fressen zu lernen.

Die jungen Katzen sind munter, lebhaft, hübsch, und würden sich sehr gut zur Unterhaltung für Kinder eignen, wenn man ihre Klauen, die sie aus ihren sammetweichen Pfoten beliebig hervorstrecken können, nicht fürchten müßte. Ihr Scherz ist aber, wenn auch angenehm und leicht, nie recht unschuldig und geht bald in Bosheit über, und da sie diese Anlage nur an kleinen Thieren mit Vortheil anwenden können, so stellen sie sich in der Nähe eines Käfichts auf die Lauer, erspähen die Vögel, auch bald Mäuse und Ratten und werden aus sich selbst, ohne dazu abgerichtet zu sein, zur Jagd geschickter, als die unterrichtetsten Hunde.

Zu einer eigentlichen Abrichtung scheinen sie nicht verwendet werden zu können. Man erzählt indeß, daß griechische Mönche von der Insel Cypern sie abgerichtet hätten, um die Schlangen, von denen dieses Eiland heimgesucht war, zu tödten.

Nach 15 bis 18 Monaten hat eine Katze ihr Wachsthum beendet, schon vor dem Ende des ersten Jahres ist sie zeugungsfähig und behält die Zeugungskraft ihr ganzes Leben hindurch, das höchstens 9 bis 10 Jahre dauert.

Bemerkenswerth und fast sprichwörtlich geworden ist die Zähigkeit ihres Lebens. Denn wie manche Katze ist für todt auf die Straße geworfen worden, wenn sie einen derben Hieb für Näscherei erhalten hat, aber schon nach ein Paar Stunden streckte sie sich wieder behaglich hinter'm Ofen.

Merkwürdig ist die ängstliche Sorgfalt, mit der sich die Hauskatze nicht nur mit jedem Theile ihrer gewöhnlichen Behausung, sondern auch mit der Größe und Beschaffenheit eines jeden Gegenstandes, von welchem sie umgeben ist, bekannt macht. Sie gewöhnt sich nicht leicht an eine Wohnungsveränderung und wir haben Beispiele genug, daß, wenn eine Familie eine andere Wohnung bezogen hat, sie in der alten Wohnung zurückbleibt. Findet sie von irgend einem neuen Hausbewohner liebevolle Aufnahme, so bürgert sie sich sehr bald in der neuen Familie ein und ist glücklich, in der alten Behausung bleiben zu dürfen. Wird sie feindlich verfolgt, so kann sie sich immer noch nicht entschließen, die Räume zu verlassen, welche ihr lieb und werth geworden sind. Sie sucht alsdann die entferntesten und versteckteſten Winkel auf, gewöhnlich auf dem Boden; dort bleibt sie und betrauert die glücklichen Tage. Selbst Hunger und Durst müssen sie lange plagen, ehe sie ein neues Asyl aufsucht. Wenn sie nur die kärglichste Nahrung findet, dann bleibt sie in der alten Wohnung zurück und selbst, wenn sie gezwungen ist, des Nachts nach anderen Häusern Streifzüge zu machen, um dort Nahrung zu suchen, so kehrt sie beim Einbruch des Morgens immer wieder heim.

Selbst Entfernungen von mehreren Stunden haben oft nicht vermocht, sie festzuhalten. Man hat Versuche gemacht, ein solches Thier umzusiedeln. Es wurde in einem Kober oder in einem anderen verschlossenen Behälter fortgebracht nach einem ganz anderen Dorfe oder einer Stadt, die zwei bis vier Stunden entfernt war. Das Thier hatte also den Weg nicht kennen gelernt. Erst in der Stube wurde es freigelassen; und damit es sich gewöhnen sollte, durfte es das Zimmer mehrere Tage nicht verlassen. Und siehe, obwohl es die Kinder des Hauses gestreichelt und vielfach geliebkost hatten, es war, sobald es nur erst in's Freie gelangte, fortgeeilt und hatte glücklich seine alte, liebe, nicht vergessene Heimath wiedergefunden.

Gelingt es aber, sie an die neue Wohnung, vielleicht, wenn es unmöglich war, nach der alten zurückzufinden, zu gewöhnen, dann muß man staunen, mit welcher Sorgfalt sie ihre neue Umgebung prüft. Man hat das Verfahren, wodurch eine Katze sich mit dem neuen Hause aussöhnt, genau beobachtet. Sie untersucht wo möglich jedes Zimmer im ganzen Hause, vom Oberboden bis zum Keller herab. Bemerkt sie, daß irgendwo eine Thür verschlossen wird, so paßt sie Stunden lang auf die Zeit, wenn sich dieselbe wieder öffnet. Sie macht sich mit der relativen Größe und Lage jedes Hausgeräthes bekannt, und hat sie diese Kenntniß erlangt, so setzt sie sich nieder, mit ihrer neuen Lage zufrieden. Es scheint einer Katze eben so nöthig, daß sie genau mit jedem Umstande ihrer Lage bekannt sei, wie ein General zunächst Gestalt und Ansehen einer Gegend prüfen muß, wo er seine Operationen vorzunehmen gedenkt. Dies ist jedenfalls eine in ihrer Spion-

und Raubnatur begründete Eigenschaft, und die wilde Katze mag wohl auf dieselbe Weise von jedem Baume oder Steine, jedem Loche in einem Gebüsch, jedem Pfade in einem Dickicht, die sich im Bereich ihrer Streifzüge befinden, einen Ueberblick nehmen.

Bei diesen Untersuchungen kommen ihnen ihre Schnurrhaare sehr zu Statten, welche ihr Gesicht auf beiden Seiten des Maules gravitätisch zieren, denn sie sind nicht selten drei bis vier Zoll lang und so steif wie Borsten. Kommen sie an eine Oeffnung, durch die sie hindurchschlüpfen wollen, so wissen sie augenblicklich, ob es ihnen möglich ist, denn wenn diese Schnurrhaare nicht berührt werden, so kann auch ihr ganzer Körper hindurchschlüpfen, aber sobald sie anstoßen, machen sie keine ferneren vergeblichen Versuche, und daher ist es ihnen auch möglich, sehr oft ihren Verfolgern zu entweichen.

Viele Katzen sind in eigentlicher Bedeutung kaum Hausthiere zu nennen, sie sind wenigstens noch halb wild, kennen ihre Herren nicht, besuchen nur die Speicher und Böden, und bisweilen auch die Küche und Vorrathskammer, wenn der Hunger sie quält. — Daher kommt es, daß die Zahl der Hauskatzen doch nicht so sehr auffällt, weil man diesen selten begegnet, obwohl man wenigstens eben so viel, wenn nicht mehr Katzen als Hunde aufzieht.

Wir sagten, daß es auch in anderen Erdtheilen wilde Katzen gäbe. — Schon als Christoph Columbus in Amerika landete, erbeutete ein Jäger eine Katze in den Wäldern. Sie war von gewöhnlicher Größe, ihre Farbe war braungrau und ihr Schwanz sehr lang und stark. Auch fand man wilde Katzen (aber keine zahmen) in Peru, in Canada, im Lande der Illinois ꝛc. Eben so hat man in Afrika mehrere gesehen, z. B. in Guinea, auf der Goldküste, am Vorgebirge der guten Hoffnung und auf Madagaskar. Hier hatten die Eingebornen selbst Hauskatzen, und außerdem trifft man gezähmte wilde Katzen, welche meist einen gewundenen Schwanz haben. Sie heißen dort Saka. — Am Kap der guten Hoffnung finden sich außerdem noch wilde, obwohl nur in geringer Anzahl, von blauer (schieferfarbiger) Farbe. Dieselben finden sich auch in Asien wieder, und zwar in der persischen Provinz Korazan. Sie sind gleichfalls vollständig einfarbig; außerdem ist ihr Haar sehr fein, glänzend, weich, zart wie Seide, und so lang, daß es sich sogar unter der Kehle lockt. Das Schönste an ihrem ganzen Körper ist der sehr lange Schwanz, welcher mit fünf bis sechs Finger langen Haaren fahnenartig besetzt ist. Sie tragen ihn meistens wie unsere Eichhörnchen nach oben gerichtet; auch sind sie sehr zahm. Von den Portugiesen sind mehrere aus Persien nach Indien verpflanzt worden. Diese Katzen vom Kap der guten Hoffnung und aus der persischen Provinz Korazan gleichen vollkommen den von uns sogenannten Karthäuserkatzen und den angorischen (aus Angora in Syrien). — Auch in der Provinz Pe-chi-ly in China giebt es Katzen, welche langhaarig sind und herabhängende Ohren haben. Sie werden von den chinesischen Damen sehr geschätzt und gepflegt. Vielleicht sind diese Katzen dieselben Thiere, welche andere Reisende in China getroffen haben und die sie mit dem Namen Sumxu benennen. Sie berichten, daß sie völlig Hausthiere seien und sich nicht besser vergleichen lassen als mit den Katzen. Ihr Haar ist schwarz oder gelb und außerordentlich leuchtend. Die Chinesen hängen diesen Thieren silberne Halsketten um und machen sie außerordentlich zutraulich. Da sie nicht häufig sind, so werden sie sehr theuer bezahlt, zumal sie auch sehr schön sind und den blutigsten Krieg gegen die Ratten führen.

Noch wollen wir einer Eigenthümlichkeit gedenken, die bei einzelnen Katzen, auch an den unsrigen, beobachtet worden ist. Es wurden nämlich einzelne mit Pinseln an der Ohrenspitze geboren, die mit dem Thiere wuchsen. Dies ist, wie gesagt, eine Eigenthümlichkeit, und die Meinung, daß sich eine Katze, welche ein solches Junge zur Welt brachte, mit dem Eichhörnchen gepaart habe, ist ganz unbegründet. — In Neuspanien lebt eine Art Tiger- oder Waldkatze, die drei Fuß hoch und vier Fuß lang ist. Sie hat kleine Augen und einen kurzen Schwanz. Ihr Haar ist bläulich aschgrau, schwarz gesprenkelt und fast borstenartig zu nennen, da man sie zu Pinseln mit steifer und fester Spitze verarbeiten kann.

Die Katze scheint erst viel später als der Hund Hausthier geworden zu sein; daher kommt es, daß es unter den Katzen eigentlich keine Racen giebt. — Die Griechen kannten sie sehr wenig. In Hellas und in Italien hielt man statt der Katzen Wiesel zur Vertilgung der Ratten und Mäuse. Den Römern war sie jedoch schon bekannt, denn der Schriftsteller Palladius empfiehlt diese Thiere gegen die Maulwürfe. Die Aegypter, welche den Thiercultus ungemein pflegten, verehrten nach Herodot die Katzen göttlich, und zwar die Felis bubastis und F. maniculata. Sie wurden wahrscheinlich schon zu Mosis Zeiten einbalsamirt; in alten ägyptischen Gräbern hat man viele Katzenmumien gefunden. Nach dem mittleren und nördlichen Europa kam die Katze wohl erst durch die Völkerwanderung. Sogar im 11. und 12. Jahrhundert war sie hier noch eine Seltenheit, und eine gute Hauskatze stand in hohem Preise. Daher fühlten sich die Walliser veranlaßt, sie in gesetzlichen Schutz zu nehmen, und bestimmten harte Strafen, wenn Jemand eine Katze mißhandeln, verstümmeln, oder wohl gar tödten würde. Jeder, der von fürstlichen Kornböden eine Katze stahl oder tödtete, mußte ein Schaf nebst Lamm zahlen, oder so viel Weizen geben, als erforderlich war, um die getödtete Katze zu bedecken, wenn sie mit dem Schwanz so aufgehängt war, daß sie mit der Nase den Boden berührte. Aus dem 14. Jahrhundert finden sich in Deutschland Bildwerke, in denen auch die Katze einen Platz gefunden hat, woraus hervorgeht, daß sie um diese Zeit schon ein beliebtes Hausthier war.

Die Katze ist ebenfalls ein Raubthier wie der Hund; sie gehört zu denen, welche einen rundlichen Kopf haben und den Gesammtnamen „katzenartige Raubthiere" führen. Sie haben 14 Backenzähne und zwar stehen sie $\frac{4.4}{3.3}$; ihre Eckzähne sind mit besonderen Spitzen versehen. An den Vorderfüßen haben sie je fünf und an den Hinterfüßen je vier Zehen mit einziehbaren Krallen. Ihre Beute erhaschen sie nur im Sprung.

Zu dem Geschlecht der Katzen gehören die blutgierigsten und gewandtesten Raubthiere. Zuerst nennen wir den Löwen, den König der Thiere. Er lebt in Afrika und Westasien; ferner den Tiger, das furchtbarste und blutgierigste aller Raubthiere, der in Vorder- und Hinter-Indien lebt. Ihm würdig zur Seite steht der Leopard, dessen Heimath das nördliche Afrika ist. Ein anderes ebenso furchtbares Thier ist der in Afrika und dem wärmeren Asien lebende Parder oder Panther. Noch nennen wir den Gaguar oder den amerikanischen Tiger; die Unze (in Amerika); den Cuguar (fast im ganzen wärmeren und gemäßigten Amerika); das Ozelot (in Mittel- und Süd-Amerika); den Luchs (nur noch selten in Europa, hin und wieder in Deutschland, häufiger um St. Petersburg, wo er in kalten Wintern nicht selten in die Gärten der Vorstädte kommt, um Nahrung zu finden) und die Zibethkatze, die im südlichen Asien lebt und den in Apotheken gehaltenen Zibeth liefert.

III. Das Schwein.

Unter den Hausthieren, welche der Mensch der Nahrung wegen hält, nimmt das Schwein eine hervorragende Stelle ein. In den Dörfern und kleineren Städten, wo keine eigentlichen Schlächtereien vorhanden sind, strebt auch der ärmere Familienvater dahin, daß er sich, außerdem, daß er das Brot herbeischaffe, alljährlich ein junges Schwein kaufen könne, um es aufzuziehen, fett zu machen und zu schlachten; denn Jahr ein Jahr aus bietet ihm dieses Thier fast ausschließlich seine Fleischkost. — In wie vielfältiger Gestalt das Fleisch und Blut dieses Sinnbildes der Unreinlichkeit auf unsern Tisch kommt, deuten genugsam die Namen: „Schweinebraten, Carbonade, Bouletten, Wurst, Schinken, Schmalz ꝛc." an; und jede Hausfrau weiß zur Genüge darüber Auskunft zu geben, in welche Verlegenheit sie bei Bereitung des Gemüses und vieler anderen Speisen ohne das Schweinefett kommen würde. — Daher kommt es, daß das Schwein, gleich dem Hunde, dem Menschen fast überall hin hat folgen müssen, und die vielfachen Abarten, welche diese Gattung aufzuweisen hat, zeigen uns, wie lange es schon Hausthier geworden ist und welchen Einfluß die Cultur auf dasselbe ausgeübt hat. — Von dem wilden Schweine, welches noch vielfach vorkommt, stammt das zahme Schwein ab. — Die Verbreitung des zahmen Schweines erstreckt sich fast über die ganze Erde. Seine eigentliche Heimath ist die alte Welt, und nach Amerika wurde es erst durch die Spanier hin verpflanzt, wo es jetzt häufig verwildert vorkommt. Schon Columbus nahm bei seiner zweiten Reise 1493 von den canarischen Inseln unter anderen Thieren 8 Schweine mit.

Wie schon erwähnt, variirt es in der Gestalt wie alle Hausthiere, und in dem einen Lande ist diese, in dem andern wieder eine andere Abart Pflegling des Menschen.

Schon den Aegyptern war das Schwein ein wohlbekanntes Thier, aber es galt ihnen, wie jetzt noch namentlich den Juden, für unrein, und es wurde nicht gegessen. Nur die niederen Kasten, besonders die Hirtenkaste, mochten wohl nicht so ekel gewesen sein; sie waren daher auch ganz und gar verachtet. Es bestand aber die sonderbare Sitte, daß an einem gewissen Feste in jedem Hause dem Osiris ein Schwein geopfert werden mußte.

Auch die Griechen hatten unter ihren Hausthieren das Schwein, und die Schweinezucht wurde schon in den ältesten Zeiten bei ihnen in großem Umfange betrieben. In der Erzählung vom Odysseus und seinen Irrfahrten wird des Schweines mehrfach erwähnt. —

Bei den Römern war die Zucht der Schweine nicht weniger umfangreich; sie trieben sie zur Mastung in Wälder, wo Eichen, Buchen und verwilderte Oelbäume wuchsen. Dieses Volk ist bekannt durch seine schwelgerischen Mahlzeiten. Bei dem Hauptgericht durften aber der Schweinskopf, auch Schweinseuter und Wildschweinebraten nicht fehlen.

Den Galliern war die Schweinezucht eine der bedeutendsten Beschäftigungen. Sie selbst waren große Liebhaber vom Schweinefleisch, aber sie trieben auch ausgebreiteten Handel mit Schinken und gesalzenem Fleische nach Italien. Aus Gallien kamen die besten Schinken, und Bayonne hat den alten Ruhm bewahrt, denn es ist jetzt noch durch seine Schinken berühmt und macht den westphälischen starke Concurrenz. Auch die Gallier, welche am Po wohnten, unterhielten große Heerden von Schweinen. — Die Hirten der alten Gallier gewöhnten ihre Schweine, auf den Schall eines Hornes zu hören, an dessen Stelle nach der Völkerwanderung eine Schelle kam, welche man den Thieren, wenigstens dem Leitschweine umhing.

In Deutschland war die Schweinezucht schon sehr früh ausgebreitet. Die Leichtigkeit, diese Thiere bei der reichlichen Eichen- und Buchenmast zu erhalten, und ihre Fruchtbarkeit machten sie zu einem Hauptgegenstande der Viehzucht. Ihr Fleisch war die Lieblingsspeise aller deutschen Volksstämme, und in Schwaben darf es noch heute beim Kirchweih- und Hochzeitsfeste nicht fehlen. Die schon erwähnten, jetzt so berühmten westphälischen Schinken hatten in den ältesten Zeiten einen bedeutenden Ruhm, denn die marsischen Schinken, welche zur Zeit der Römerherrschaft nach Rom geschickt wurden, kamen aus dem heutigen Westphalen. In der Kaiserzeit kostete ein Pfund davon nach unserm Gewicht 2¾ Thaler.

Als Bonifacius Deutschland durchzog, um die Bewohner zum Christenthum zu bekehren, lernte er die sogenannte Sporkelfeier kennen. Sie war im Monat Februar, und bestand in einer häuslich-religiösen Feierlichkeit; es wurde ein Schwein geschlachtet und unter feierlichen Ceremonien der Göttin Freia als Opfer dargebracht. Von diesem Feste schreibt sich noch die in vielen Gegenden bekannte und beliebte Metzelsuppe (Wurstsuppe) her.

Auch nach der Völkerwanderung wurde die Schweinezucht noch immer am stärksten betrieben; daher kommen die vielfachen Benennungen für das Schwein, welche verschiedene Alters- und Geschlechtsstufen bezeichnen, als: Eber, Sau, Schwein, Suin, Bark oder Beyer (Zuchteber), Hauer, Bache, Parch (verschnittenes Schwein), Läufer, Ferkel, Frischling (Frischkinga). — Da man früher das Oel noch nicht hatte, mußte das Schweinefett diesem Mangel abhelfen. Zur Zeit der Frankenherrschaft mußten die Alemannen den Franken ihren Tribut in einigen hundert Stück Schweinen entrichten.

Zur Zeit der Hohenstaufen kostete ein Schwein 5 bis 10 Schillinge. Im 12. Jahrhundert wurden schon an die Klöster Schweine als Zehnten entrichtet, und davon schreibt sich jetzt noch die Abgabe der Zehnten an die Geistlichen des Ortes. So muß z. B. von jedem Wurf der Sau, wenn es sechs oder mehr Ferkel sind, eines davon als Zehnt an die Pfarre entrichtet werden.

Schweine wurden übrigens durch alle Jahrhunderte hindurch in ganz Europa in Menge gehalten, die oft den ganzen Tag in den Straßen und vor noch nicht langer Zeit selbst größerer Städte herumliefen. Sogar in Paris mußte das Verbot, Schweine auf der Straße laufen zu lassen, mehreremal erneuert werden (1261, 1348, 1502 und 1539); ja diese Sitte verursachte sogar den Tod des Prinzen Philipp, des Sohnes Ludwig IX. Als dieser nämlich durch die Straßen von Paris ritt, lief ein Schwein zwischen die Füße seines Pferdes, wodurch dieses scheu wurde und den Prinzen abwarf. — Im 13. Jahrhundert waren die englischen Schweine berühmt und Gegenstand eines lebhaften Handels.

In Australien war schon eine Art Schwein vorhanden. Aber auch das europäische wurde dorthin verpflanzt. Nach den Gesellschaftsinseln brachten es die Missionare, wo es sich sehr bald mit dem einheimischen vermischte und ganz seinen Charakter beibehielt, während das einheimische, das sonst sehr reinlich war, eben so unreinlich wurde, wie die aus England eingeführten. — Das einheimische oder das australische Schwein bewohnte nicht alle Inseln der Südsee, als man jenen Erdtheil genauer kennen lernte. Vorhanden war es auf den Nukahima- und Tunga-Inseln; es fehlte dagegen auf Neuholland, auf den Houai-Inseln, den Karolinen und der Insel Waihu. Sein Fleisch ist sehr saftig und schmackhaft. Als man seinen Nutzen genauer kennen lernte, brachte man es, so wie das europäische und die daraus entstandene Abart nach den anderen Inseln, wo es noch fehlte. Jetzt haben sich daher die Schweine über das ganze Land und die Inseln verbreitet, und liefern sowohl den Eingebornen als den Eingewanderten ihre Hauptnahrung. Die Zahl der Schweine belief sich in Neusüdwales nach einer Zählung von 1841 auf 60,000 Stück. — Auch in Java ist das Schwein, das zu der chinesischen Race gehört, Hausthier geworden.

Nachdem wir nun an der bedeutenden Verbreitung des Schweines seine große Wichtigkeit in dem Haushalte näher kennen gelernt haben, wollen wir es jetzt genauer betrachten.

Auffallend ist der Bau seiner Füße, und dies ist Veranlasfung zu mancherlei Streit gewesen, weil man nicht recht wußte, welcher Gruppe man es zuzählen sollte. Unstreitig gehört es zu den Hufthieren, deren Klauen gespalten sind. Hierzu treten noch an jedem Fuße die sogenannten Afterzehen hinzu, welche ebenfalls mit einem Hufe versehen sind, von denen aber das Schwein weiter keinen Gebrauch beim Gehen machen kann. Eine bessere Benennung für die Gruppe, der das Schwein angehört, ist der Name Dickhäuter, weil seine Haut in der That von bedeutender Stärke ist und nicht so sehr leicht verletzt werden kann.

Die Haut des Schweines ist mit langen, borstenartigen Haaren dünn bekleidet, nur auf dem Rückgrat stehen sie dichter, sind auch dort steifer und länger und haben ein kammartiges Aussehen. Unter den Borsten hat es noch eine Art Wollhaar, das bei einzelnen Thieren besonders dicht ist.

Sein Gebiß ist mit einer bedeutenden Anzahl von Zähnen versehen, nämlich mit 44, davon sind $\frac{6}{6}$ Schneidezähne, $\frac{1.1}{1.1}$ Hundszähne und $\frac{7.7}{7.7}$ Backenzähne. Die Augenzähne sind eigenthümlich geformt; sie sind bedeutend verlängert und ragen dem Thiere an beiden Seiten des Maules heraus. Von auffallender Länge sind sie besonders bei dem männlichen wilden Schwein, dem sie als gefährliche Waffe dienen und Hauer genannt werden. Besonders ist zu erwähnen, daß dem Schweine, wie es bei anderen Thieren der Fall ist, die Milchzähne nicht ausfallen und andere an ihre Stelle treten; es behält vielmehr seine ersten Zähne, die während der ganzen Lebensdauer des Thieres wachsen.

Seine Oberlippe hat eine rüsselartige Gestalt erhalten. Sie ist fest und fast knorpelig. Dadurch ist das Schwein im Stande, den festen Erdboden aufzuwühlen und seine Nahrung, die in Wurzeln u. dgl. besteht, aufzusuchen.

Die Ohren sind mehr oder weniger hängend, und bilden einen großen knorpeligen Lappen, der mit der Haut überzogen ist.

Seinen Schwanz, der an der Spitze einen Haarbüschel hat, trägt es meistens geringelt.

Der größeste Theil des Fettes nimmt beim Schwein eine eigenthümliche Lage ein; es bildet unter der Haut eine besondere je nach der Beleibtheit des einzelnen Thieres dickere oder dünnere Schicht, den Speck, während es bei den anderen Thieren mit dem Fleische vielfach vermischt ist. — Der Speck wird, um ihn länger aufbewahren zu können, geräuchert. Er gewinnt dadurch an Geschmack und man kann ihn mindestens ein Jahr lang bewahren, ohne befürchten zu müssen, daß er verdirbt. Er wird bei den einzelnen Mahlzeiten von den Hausfrauen auf verschiedene Weise verwendet. Auch der Schinken und die verschiedenen Wurstsorten werden aus demselben Grunde geräuchert, während man das Fleisch einpökelt. —

Ueber den Charakter dieses Thieres sagt Büffon Folgendes: „Die Unvollkommenheiten der Gestalt scheinen auf das Naturell einzuwirken; alle seine Gewohnheiten sind plump, alle seine Gelüste sind unrein, alle seine Gefühle beschränken sich auf eine viehische Gefräßigkeit, die es ohne Unterschied Alles, was sich ihm darbietet, und selbst seine Nachkommenschaft im Augenblicke ihrer Geburt verschlingen läßt. Seine Gefräßigkeit rührt augenscheinlich von dem unaufhörlichen Bedürfnisse, die große Geräumigkeit seines Magens auszufüllen, und die Rohheit seiner Begierden von der Stumpfheit des Geschmacks- und des Tastsinnes her. Das grobe Haar, die harte Haut, das dicke Fett machen diese Thiere sehr unempfindlich gegen Schläge; man hat gesehen, daß sich Mäuse auf ihrem Rücken niederließen und von ihrem Speck und ihrer Haut fraßen, ohne daß sie es zu empfinden schienen. Ihr Tastsinn ist demnach sehr stumpf und ihr Geschmack so roh wie ihr Getast: die andren Sinne sind gut; die Jäger wissen sehr wohl, daß sie aus großer Weite sehen, hören und riechen. Die Unvollkommenheit in den Sinnen des Geschmacks und Getastes wird noch durch eine Krankheit vermehrt, die sie finnig, d. h. fast ganz unempfindlich macht."

Die neuere Naturforschung hat in diesen Finnen, welche wie Bläschen in dem Fleische zerstreut sind, Thiere erkannt, welche durch die Nahrung in das Thier gelangt sind und sich zuweilen außerordentlich anhäufen. Büffons Vermuthung ist daher sehr richtig, wenn er sagt: Den Ursprung der Finnen muß man vielleicht weniger in der Bildung des Fleisches oder der Haut des Thieres, als in seiner natürlichen Unreinlichkeit und in der Fäulniß, die aus den verdorbenen Nahrungsmitteln entsteht, womit es sich zuweilen anfüllt, suchen. Man beugt, sagt er weiter, dieser Krankheit nur dadurch vor, daß man das Schwein in einem reinlichen Stalle hält und ihm überflüssig gesunde Nahrung giebt.

Ueber die Finne sei hier noch Folgendes bemerkt: Dieses sich im Fleische des Schweines vorfindende Thier ist kein vollendetes, sondern eine Larve, ähnlich, wie wir sie als Raupe bei den Schmetterlingen kennen. Aus dieser Larve (der Finne) entwickelt sich der oft so gefährliche Bandwurm, welcher seinen Sitz im Dünndarm der menschlichen Eingeweide hat. Es sind daher nur solche Leute mit dem Bandwurm behaftet, welche Schweinefleisch genießen, während er sich in Gegenden, wo die Schweinezucht nicht betrieben wird, höchst selten zeigt, und strenggläubige Juden und Muhamedaner, welche kein Schweinefleisch essen, stets vor diesem Uebel bewahrt bleiben. Dagegen Leute, welche viel Schweinefleisch essen, das noch roh oder halb roh (wie z. B. Wurst) ist, leiden öfters an dieser Plage; am meisten die Schweineschlächter und ihre Familien.

Die Finne besteht aus einer Blase, an welcher sich ein dünner, zwirnfadenähnlicher Hals befindet, an dem der etwas dickere Kopf wie der Kopf an einer Stecknadel sitzt, und der mehrere Saugnäpfe trägt. Gelangt nun dieser Blasenwurm in die menschlichen Eingeweide, dann erst und nur dort verwandelt er sich unter Abstoßung der Blase und Abschnürungen des Halses in einen Bandwurm, indem sich nun nach und nach Abtheilungen oder abgeschnürte Glieder bilden, die wie eine Kette zusammenhängen. Eigentlich ist jedes dieser Glieder ein vollständiges Thier und somit muß der Bandwurm als eine Wurmkette oder Kolonie bezeichnet werden. Diese Kolonie nimmt ihren Ursprung vom Kopfe aus, denn dieser ist das Mutterthier und vergrößert sich durch Nachwachsen von oben her. Die Glieder, und zwar die am unteren Ende der Wurmkette gehen, sobald sie reif d. h. mit Eiern gefüllt sind, beim Stuhlgange fort, und da das Schwein gern die menschlichen Excremente verzehrt, so gelangen sie an den geeigneten Ort, wo aus ihnen die Finne sich entwickeln kann.

Bis jetzt hat man beim Menschen drei Bandwurmarten gefunden, nämlich:

1. den Ketten- oder Kürbiswurm, auch schmalen oder langgliedrigen Bandwurm (Taenia solium), welcher in Deutschland, England und Holland zu Hause ist und oft 30 bis 50 Fuß lang wird. Der auf einem dünnen, schmalgeringelten, etwa 6 Linien langen Halse sitzende Kopf, welcher die Größe eines Stecknadelknopfs hat, gegen 1 Linie lang und häufig schwarzbraun gefärbt ist, zeigt bei diesem Bandwurm 4 scheibenförmige Saugnäpfe.

2. den breiten Bandwurm (Taenia lata), welcher weit weniger Beschwerden als der vorige macht und in der Schweiz, in Frankreich, Polen, Rußland und Schweden zu Hause ist, dagegen in Deutschland höchst selten und nur eingeschleppt vorkommt.

3. den Kanalwurm (Taenia mediocanellata), welcher der beschwerlichste und hartnäckigste der Bandwürmer, und weit breiter und

feister als die beiden vorigen ist. Er wird in Europa und Afrika gefunden. —

Das Mästen oder Fettmachen des Schweines geschieht gewöhnlich dadurch, daß man ihm überflüssig Gerste, Eicheln, Kohl, gekochte Gemüse als: Runkelrüben und Kartoffeln und viel mit Kleien gemischtes Wasser giebt. In zwei Monaten ist es, wenn die Nahrung stets in Ueberfluß vorhanden war, fett; der Speck ist reichlich und dick. Man kann es auf dem Lande auch mit weniger Kosten mästen, wo es Wälder von Eichen, Buchen oder Kastanien giebt. Man treibt die Heerde während des Herbstes, wo die Früchte dieser Bäume fallen, in die Wälder. Sie fressen gleicher Weise von allen wilden Früchten und mästen sich in kurzer Zeit, besonders, wenn man ihnen des Abends bei ihrer Rückkehr lauwarmes mit etwas Kleien und Unkrautsmehl (Kaff) gemischtes Wasser giebt. Sie mästen sich übrigens im Herbst weit schneller in der Zeit der ersten Kälte, sowohl wegen des Ueberflusses an Nahrung, als auch, weil die Ausdünstung schwächer denn im Sommer ist. Es kommt nicht selten vor, daß sie nicht mehr gehen, ja sich kaum noch rühren können.

Man darf übrigens das Schwein nicht zu alt werden lassen für die Mastung, denn je mehr es altert, um so schwieriger fällt diese und um so weniger gut ist sein Fleisch. In sehr vielen Fällen läßt man ein Schwein, welches zum Schlachten bestimmt ist, nicht über zwei Jahre leben. Sein vollendetes Wachsthum hat es aber noch nicht nach dem zweiten Jahre erreicht; es wächst auch in den folgenden noch fort, wie man an den Zuchtschweinen beobachten kann, und ein Eber wird erst mit dem fünften bis sechsten Jahre voller, ja, je älter ein solcher ist, desto dicker, härter und schwerer ist er.

Die Lebensdauer eines Ebers kann sich auf 25 bis 30 Jahre erstrecken, doch ist er, so wie auch die Sau, nur bis zum 15. Jahre als Zuchtthier geeignet. — Die Tragezeit dauert 4 Monate; wenn die Jungen einige Wochen alt sind, werden sie entwöhnt.

Der Nutzen, welchen uns das Schwein gewährt, ist zu vielfach aber auch bekannt genug, als daß wir ihn noch eingehend besprechen sollten. Sein Fleisch ist geschätzter, als das des Rindes, aber auch theurer, der Speck hat selbst den dreifachen Preis und das Blut wird zu den verschiedensten Wurstsorten verwendet. Wie wichtig ist nicht das weiche Schmalz in einer Haushaltung, welches aus dem Fett des Netzes und der Eingeweide gewonnen wird. Auch läßt sich das Fleisch und die Wurst gesalzen, eingepökelt oder geräuchert viel länger aufbewahren. Aber auch die Haut ist nicht ohne Nutzen; früher wurde sie sehr gern zum Einbinden der Bücher gebraucht und jetzt noch werden aus ihr Siebe geschnitten und die Kappen an den Dreschflegeln davon angefertigt, während man die Borsten zu Maurerpinseln und Bürsten verwendet.

Die Muhamedaner, so wie die Juden essen kein Schweinefleisch, weil sie das Thier für unrein halten; dagegen finden die Chinesen großen Geschmack an demselben. Es ist ihre gewöhnliche Nahrung. Die chinesischen Schweine sind von den europäischen verschieden; sie sind kleiner und haben kürzere Beine; ihr Fleisch ist weißer und kostbarer. Sie haben sich ebenfalls über Siam und Indien verbreitet. Auch die Neger unterhalten aus Liebe zum Schweinefleisch eine große Menge.

Durch die Verschiedenheit des Klima's arten die Schweine aus, und diese Ausartung giebt sich besonders durch die verschiedene Färbung kund. Je mehr ein Schwein aber cultivirt ist, desto feiner, weicher, gebogener und hängender werden seine Ohren.

Das eigentliche wilde Schwein gehört der alten Welt, also Europa, Asien und Afrika an; anderswo z. B. in Amerika ist es, wie schon erwähnt, nur verwildert. Der Geruch, das Gesicht und das Gehör sind bei ihm noch mehr als bei dem zahmen ausgebildet; darum muß der Jäger sich des Nachts auf die Lauer legen und sich besonders hinter den Wind stellen, weil sonst das Schwein ihn alsbald wittern und wieder umkehren würde. — In der Jagdsprache nennt man die Keuler, welche noch keine drei Jahre alt sind, Gesellschaftsthiere, weil sie bis zu diesem Alter sich nicht von einander trennen und alle ihrer gemeinsamen Mutter folgen. Allein gehen sie erst, wenn sie stark genug sind, um die Wölfe nicht mehr fürchten zu brauchen. Diese Thiere bilden demnach ganze Trupps und davon hängt ihre Sicherheit ab. Werden sie angegriffen, dann vertheidigen sie sich; die stärksten stellen sich dem Feind entgegen, indem sie sich in der Runde an einander drängen und die kleinsten in die Mitte nehmen.

Bei uns ist die wilde Schweinsjagd nur noch selten, da diese Thiere nur hin und wieder in den ausgedehntesten Forsten Deutschlands vorkommen. Man jagt den Eber meistens durch Hunde, gegen die er sich mächtig wehrt und in der Regel mehrere verwundet. Am Tage bleibt er in seinem Loch im dichtesten und stärksten Gehölz, und erst des Abends und des Nachts kommt er hervor, um seine Nahrung zu suchen. Zur Zeit der Fruchtreife, wenn die Felder von Aehren prangen, hält er sich Tag und Nacht darin auf und thut sich besonders gütlich doran.

Bei einem alten Eber ist übrigens nur der Kopf gut, während alles Fleisch eines Frischlings und eines noch kein Jahr alten Keulers fein und kostbar ist. —

Ein dem Schweine am nächsten verwandtes Thier ist der Hirscheber, der mit dem Kopfe dem Schweine, mit dem übrigen Körper dem Hirsche ähnlich ist. Seine Heimath sind die indischen Inseln. — Ein anderer Verwandter des Schweines ist der Tapir. Man unterscheidet drei Arten, von denen zwei in Amerika und die dritte auf den indischen Inseln lebt. — Aber auch die Kolosse unter den Säugethieren, von welchen die Leute nur Gelegenheit haben, sie in den Menagerien anzustaunen, müssen es sich gefallen lassen, zur Verwandtschaft des schmutzigen Schweines gezählt zu werden. Freilich ist ihre Gestalt gleichfalls plump und unförmlich wie beim Schwein, und ihre Haut so dick, daß so leicht keine Flintenkugel hindurchdringen kann. Wir nennen zuerst das Nilpferd (Seekuh, Hippopotamus oder wie in der Bibel: Behemoth). Seine Heimath ist hauptsächlich Afrika, wo es familienweise in Seen und Strömen lebt. — Ferner gehört hierher die Gattung Nashorn oder Rhinoceros. Die eine Art hat nur ein Horn auf der Nase, wie das Indische und Javanische, die andere hat zwei, wie das Sumatranische und Afrikanische. — Zuletzt nennen wir noch den Riesen der Landsäugethiere, es ist der Elephant, von dem die eine Art, und zwar die stärkere und größere in Afrika und die schwächere in Asien lebt. —

IV. Das Schaf.

Keinem Thiere hat die Natur durch die Ausstattung, welche sie ihm gab, so sehr den Charakter eines Hausthieres verliehen, als dem Schaf. Seine Vorzüge, wie seine Schwächen, die es in Vergleich mit andern Thieren aufzuweisen hat, geben ihm entschieden dieses Gepräge. Die außerordentliche Vielseitigkeit des Nutzens, den es dem Menschen gewährt, einestheils, und die sprichwörtlich gewordene Dummheit dieses Thieres, seine Furchtsamkeit, Wehrlosigkeit und Schwäche anderntheils weisen unzweifelhaft auf das Zusammenleben desselben mit dem Menschen hin. Was Alles würde der Mensch entbehren ohne das Schaf! Was aber würde aus dem

Schafe werden, wenn die Natur es nicht von Anbeginn unter die Obhut des Menschen gegeben hätte? Wie lange würde seine Gattung existiren in Gegenden, in denen nicht der Mensch gebietet, wo vielmehr der Löwe, der Tiger, der Wolf durch Stärke und Grausamkeit herrschen? Alle diese, durch Gefräßigkeit und Raubgier ausgezeichneten Thiere hat das Schaf zu seinen natürlichen Feinden, und da sie alle viel länger leben und sich bei Weitem stärker vermehren, als dieses wehrlose Thier, so ist leicht zu erkennen, daß es nur durch den Beistand und die Fürsorge des Menschen fortgedauert habe und ferner bestehen werde. Hieraus erklärt sich auf natürliche Weise, daß man nirgends eigentlich wilde Schafe antrifft.

Die Wehrlosigkeit des Schafes erhellt auf den ersten Blick. Weder für die scharfen Zähne des Hundes oder der Katze und der ihnen verwandten Raubthiere, noch für die gefährlichen Hörner des Rindes hat es irgend ein Aequivalent in Betreff seiner Vertheidigung, selbst auf die Behendigkeit seiner Beine darf es nicht rechnen, um sich durch die Flucht seinen Verfolgern zu entziehen. Diese Wehrlosigkeit wird noch um Vieles vermehrt durch die Furchtsamkeit dieses Thieres. Daher kommt es auch, daß es sich am wohlsten fühlt inmitten einer großen Heerde, die es selten verläßt. Aber das geringste ungewöhnliche Geräusch reicht hin, die ruhig weidende Heerde jählings zusammenlaufen und sich an einander drängen zu sehen. Trifft ja ein Gewitter sie auf freiem Felde, so kennt ihre Furcht keine Gränzen. Selbst das männliche Schaf, der Bock oder Widder, der doch in seinen Hörnern eine freilich nur schwache Waffe besitzt, zeigt keinen eigentlichen Muth. Wird er zu bestimmten Zeiten (in der Brunstzeit) lebhafter, so ist es doch immer nur ein für ihn nutzloser Muthwille; er stößt sich mit seines Gleichen, selten rennt er einmal gegen den Menschen an. Dazu kommt, daß diese Furchtsamkeit mit der größesten Dummheit gepaart ist. Das Schaf weiß nicht, der Gefahr zu entfliehen. Dies zeigt sich besonders auffallend bei Feuersbrünsten; nur mit der größesten Mühe sind diese Thiere von der Brandstelle fortzubringen; sie laufen, herausgetrieben aus dem brennenden Stalle, wieder in denselben zurück und werden so ein Opfer ihrer Dummheit. Aus derselben Eigenschaft erklärt es sich, daß sie in einer ihnen auch noch so unbequemen Lage geduldig verharren; sie bleiben im Regen und Schnee ruhig stehen, ohne irgend eine Anstrengung zur Veränderung ihrer Lage zu machen. Daher hat der Hirt in der Regel in seiner Heerde ein Haupt, welches vorangeht, und diesem, dem sogenannten Leithammel, folgen sie

Schritt für Schritt und seine Bewegungen machen sie treulich nach. Ja, läßt man den Leithammel über ein vorgehaltenes Hinderniß hinwegspringen, so macht die ganze Heerde dieselben Sprünge nach, selbst dann noch, wenn inzwischen das Hinderniß beseitigt ist. Aus dieser Unselbstständigkeit erhellt die Wichtigkeit eines guten Schäferhundes. Dieses dazu eigens abgerichtete Thier hat in der That über die Sicherheit der Heerde zu wachen, sie zu schützen, zu lenken, zu trennen und zu vereinigen. Mit einem solchen Hunde kann der Hirt Hunderte von Schafen weiden, ja sie durch schmale Triften, mögen sie auch auf beiden Seiten mit Saatfeldern, von denen zu naschen seiner Heerde verboten ist, begränzt sein, hindurchtreiben, und selten wird ein Mitglied derselben das Verbot übertreten. Gewöhnlich geht der Hirt voran, und indem sie auf seine Stimme hören, folgen sie ihm ohne Aufenthalt, während der kluge Hund das Amt hat, bald auf der einen, bald auf der andern Seite der Trift entlang zu traben und den lüsternen Näscher ohne viel Aufsehen durch einen ihm schnell ertheilten Biß zu bestrafen oder die etwaigen Nachzügler zur Eile zu ermuntern.

Hie und da ist wohl behauptet worden, daß die Schafe ein Gefühl für das Liebliche des Gesanges oder der Musik überhaupt hätten, und daß sie bei dem Tone der Schalmei fleißiger weideten und besser zunähmen. Indeß ist diese Vermuthung sehr zu bezweifeln, und es scheint viel natürlicher zu sein, daß man den Grund, weshalb häufig die Hirten Musik treiben, in der einsamen, wenig geistreichen Lebensweise derselben suche, und seine Schalmei oder Klarinette eher als Schutz gegen die Langeweile, denn als Unterhaltung für die Heerde ansehe.

Der **Körperbau** des Schafes ist nicht zu Strapazen eingerichtet. Sie können nicht lange gehen und durch weite Reisen werden sie bedeutend geschwächt und entkräftet (abgetrieben), und es ist dann nichts Seltenes, daß eines sich für marode erklärt, so daß weder der Stock des Treibers, noch der Biß des Hundes es zum Aufstehen vermögen. Sobald die Schafe schnell laufen, bekommen sie starkes Herzklopfen und sind bald außer Athem.

Der Körper des Schafes ist **vollständig mit Wolle bedeckt**; nur ein kleiner Theil des Kopfes, oft nur die Nase von den Augen bis zum Maule, und der untere Theil der Beine, meistens von den Fersen bis zum Fuße sind frei von der Wolle, und hier wird sie durch feine weiche anliegende Haare ersetzt.

Der **Kopf des Widders** ist, wie schon angedeutet, mit Hörnern geziert. Diese, welche spiralförmig gekrümmt, scharf zweikantig, nach innen flach und nach außen etwas gewölbt sind, erscheinen mit dem ersten Jahre, zuweilen schon mit der Geburt und wachsen jährlich um einen Ring bis an ihr Lebensende. Daher geben dieselben auch Kennzeichen für das Alter des Widders ab. Die Schafe haben in der Regel keine Hörner, doch finden sich an derselben Stelle, an der die Hörner des Widders erscheinen, hornartige Erhöhungen. Zuweilen findet man auch Schafe, die zwei und sogar vier Hörner haben. Sie sind fünf bis 6 Zoll lang und weniger gedreht als die des Widders. Wenn sich vier Hörner vorfinden, so sind die beiden äußeren kürzer, als die beiden inneren.

Der Fuß des Schafes ist in zwei Klauen gespalten, von denen jede mit einem Hufe versehen ist.

Das Schaf hat 32 Zähne: 8 Vorder- oder Schneidezähne, die in der unteren Kinnlade stehen; in der oberen hat es keine Schneidezähne, so daß die 8 Vorderzähne der unteren Kinnlade einer Zahnlücke in der oberen gegenüberstehen. Eckzähne fehlen dem Schafe ebenfalls; Backzähne hat es auf jeder Seite oben und unten 6; = $\frac{6-6}{6.8.6}$. Nach einem Jahre verliert es die Vorderzähne, welche sich alsbald wieder ersetzen; sechs Monate darauf fallen die, den Vorderzähnen (oben der Lücke) zunächst stehenden Backzähne zuerst aus, nach und nach wechseln auch die übrigen, bis nach drei Jahren alle ersetzt sind. Sie sind alsdann ebenmäßig und ziemlich weiß, aber in dem Maaße, als das Thier alt wird, entblößen sie sich vom Zahnfleisch und werden stumpf, ungleich und schwarz.

Was die Nahrung der Schafe betrifft, so ist sie im Sommer eine andere, als im Winter. Im Sommer treibt man sie auf die Weide, wo sie sich ihre Nahrung suchen. Sie werden aber des Morgens erst dann ausgetrieben, wenn der Thau aufgetrocknet ist, weil ihnen die Nässe schadet. Die besten und für ihr Gedeihen geeignetsten Weiden sind Bergabhänge und die auf Hügeln gelegenen Flächen; daher vermeidet man, sie in tiefliegenden, sumpfigen Gegenden weiden zu lassen. Es ist einleuchtend, daß die Güte des Fleisches und der Milch der Schafe von ihrer Nahrung abhängig ist. Diejenigen Schafe, welche auf trockenem Boden und in hohen Gegenden weiden, wo der Quendel und sonstige nahrhafte Kräuter reichlich wachsen, oder auf solchen niedrigen Flächen, welche salzhaltig sind und daher sälzhaltige Gräser enthalten, liefern das beste Hammelfleisch; ebenso ist die Milch der Mutterschafe in solchen Gegenden am reichlichsten und schmackhaftesten.

3*

Wenn die Heerde vier bis fünf Stunden geweidet hat, dann wird sie zur Mittagsruhe geführt. Da aber die starke Hitze diesen Thieren sehr beschwerlich fällt, und die Sonnenstrahlen ihnen den Kopf betäuben, so werden sie zur Mittagsruhe in den Stall oder, was häufiger geschieht, an einen schattigen Ort getrieben. Dort lagern sie sich, liegen unbeweglich da und scheinen so erschöpft, als hätten sie die schwerste Arbeit verrichtet; erst, wenn die größte Hitze vorüber ist, sind sie mit ihrer Mittagsruhe fertig, und gegen Abend weiden sie so fleißig, daß sie oft erst nach Sonnenuntergang heimkehren. In vielen Gegenden jedoch bringen sie die Sommernächte, in Hürden eingeschlossen, im Freien zu; dadurch werden sie um so kräftiger, reiner und gesunder. Im **Winter** ernährt man sie im Stalle mit Heu, Stroh, Kleien, Steckrüben, getrocknetem Klee, Ulmen- und Eschenblättern u. s. w. Jedoch läßt man sie täglich, selbst im Frost ausgehen, wenn nicht das Wetter schlecht ist oder Schnee liegt. Dies geschieht hauptsächlich, damit sie Bewegung haben sollen.

In einigen Gegenden läßt man während weniger Stunden des Tages, in der Mittagszeit, die junge Wintersaat von den Schafen abweiden. Man sagt, im Frühjahr entsprosse dieselbe aus dem Stamme um so kräftiger. Indeß sind die Landwirthe hierüber nicht alle derselben Ansicht. —

Es ist von großer Wichtigkeit, daß das Schaf regelmäßig und reichlich trinke. Dies wird besonders dadurch befördert, daß man ihnen Salz giebt, welches überhaupt in ihrer Ernährung eine wesentliche Rolle spielt; in einigen Gegenden legt man daher einen Sack Salz oder einen salzhaltigen Stein in den Schafstall, woran sie dann der Reihe nach lecken.

In jedem Jahre werden aus der Heerde diejenigen Schafe abgesondert (ausgemerzt), welche anfangen zu altern und die, welche man mästen will. Die zu mästenden Schafe oder Hämmel bedürfen einer ganz anderen Weide. Feuchte, salzhaltige Triften, auch kräftigere Nahrung, namentlich Körner bewirken das Fettwerden nach zwei bis drei Monaten und machen ihr Fleisch fernig.

Die Schafe sind einer großen Anzahl meistentheils **ansteckender Krankheiten** unterworfen. Die bekanntesten sind die **Klauenseuche**, die **Maulfäule** und als die gefährlichste der **Milzbrand**. Besonders leicht erkranken die gemästeten, namentlich an **Leberkrankheiten**. Oft finden sich in der Leber Würmer vor, sie heißen Distoma hepaticum, Leberegel, welche sehr bald den Tod verursachen. Büffon erzählt uns noch, was wir hier natürlich nur als Curiosum anführen, daß sich auch Schmetterlinge in der Hammelleber gefunden hätten. Wir führen eine Stelle aus einem Briefe des Doktors der Medizin Gachet de Beaufort zu Montiers in Torantaise vom Jahre 1749 an, welche lautet: „Man hat seit langer Zeit bemerkt, daß die Hämmel, die auf unseren Alpen die besten in Europa sind, bisweilen zusehends mager werden, und dabei weiße, triefende und verengte Augen haben, wässerichtes Blut fast ohne allen merklich rothen Theil, eine trockene und einwärts gezogene Zunge, eine mit einem gelblichen, zähen und eiterhaften Schleim angefüllte Nase, und überdies eine außerordentliche Schwäche, obwohl sie viel fressen, und daß zuletzt die ganze Thierwirthschaft in Verfall geräth. Mehrere genaue Nachforschungen haben gelehrt, daß diese Thiere in der Leber weiße Schmetterlinge hatten mit gehörigen Flügeln, einem halb ovalen, haarigen Kopf und von der Größe der Nachtfalter der Seidenwürmer; mehr als 70, die ich durch Zusammendrücken der beiden Lungenblätter heraustrieb, haben mich von der Wahrheit der Sache überzeugt. Die Leber erweiterte sich zu gleicher Zeit über dem ganzen erhabenen Theil. Man hat sie nur in den Blutadern und nie in den Pulsadern bemerkt; kleine, mit kleinen Würmern hat man nur in der Röhre der Gallenblase gefunden." Aber Büffon meint, daß diese Schmetterlinge wohl schwerlich etwas anderes gewesen seien, als die gewöhnlichen Würmer der Hammelleber, die sehr platt und sehr breit sind und allerdings eine seltsame Gestalt haben, daß man sie auf den ersten Blick eher für Blätter als für Würmer halten möchte.

In manchen Fällen tritt auch die Drehkrankheit ein. Sie zeigt sich dadurch, daß das davon befallene Schaf sich von der Heerde absondert, sich öfters mehrere Male im Kreise herumdreht und dabei den Kopf heftig wirft. Man hat solche kranke Thiere „Dreher" genannt. Diese Krankheit wird ebenfalls durch einen Blasenwurm erzeugt, welcher im Gehirn des Schafes seinen Sitz hat. Wie die Finne des Schweines, so ist auch der Blasenwurm des Schafes der Larvenzustand eines Bandwurms, welcher jedoch nur in den Eingeweiden der Hunde zur Entwickelung kommt.

Die Paarung der Schafe geschieht größtentheils in den Wintermonaten in der Regel vom Anfang November bis Ende April. — Sie tragen fünf Monate und werfen im Anfange des sechsten. Gewöhnlich bringen sie nur ein Lamm, in seltenen Fällen zwei, zur Welt. In den kälteren Gegenden tragen sie jährlich nur ein, in den wärmeren dagegen zwei Mal. Sie können, wenn sie gut gewartet werden, während des ganzen Lebens, das 10 bis 12 Jahre währt, tragen; gewöhnlich aber werden sie im siebenten oder achten Jahre ausgemerzt, gemästet und geschlachtet. Der Widder erreicht ein höheres Alter, er wird 12 bis 14 Jahre alt.

Von den Lämmern werden in der Regel nur die kräftigsten und wolligsten zum Aufziehen gewählt, während man die schwächeren bald dem Fleischer überliefert. Um ihr Fleisch schmackhafter zu machen, wird das männliche Lamm in einem Alter von 5 bis 6 Monaten verschnitten. Dieses heißt, wenn es erwachsen ist, Hammel. Will man diejenigen, welche in den Monaten October, November, December, Januar und Februar geboren werden, aufziehen, so behält man sie während des Winters im Stalle, und läßt sie nur des Morgens, Mittags und Abends auf den Hof zu den Müttern, um sie saugen zu lassen. Zur Zeit des Säugens tritt bei dem Lamme der Naturtrieb am meisten hervor, denn es findet selbst in einer zahlreichen Heerde schnell seine Mutter und ergreift ihre Zitzen, ohne sich oft zu irren. Im Frühjahr läßt man die Lämmer mit auf das Feld gehen, giebt ihnen aber vorher täglich etwas Heu, um sie nach und nach an die Nahrung zu gewöhnen. Man kann sie zwar schon nach einem Monat spänen, läßt sie aber meistens länger bei der Mutter, in manchen Gegenden so lange, bis diese sie nicht mehr trinken läßt.

Im Allgemeinen zieht man die weißen und fleckenlosen Lämmer den gefleckten und schwarzen vor und läßt letztere nicht alt werden, weil sich die weiße Wolle besser verkauft, als die schwarze oder gemischte, denn sie nimmt bei der Färbung leichter jede Farbe an. Indeß findet man in manchen Gegenden wieder fast lauter fleckige und schwarze Schafe. In Frankreich giebt es weiße, braune, schwarze und gefleckte, in Spanien rothe, in Schottland gelbe Schafe. Diese Verschiedenheit der Farbe ist noch zufälliger, als die Veränderlichkeit der Racen, die von der Verschiedenheit der Nahrung und dem Einflusse des Himmelstriches herrührt.

So groß der Mangel an inneren Eigenschaften der Schafe, den meisten übrigen Hausthieren gegenüber ist, so groß und noch hervorstechender ist der unmittelbare und ausgebreitetste Nutzen, den sie dem Menschen gewähren. Sie liefern ihm zugleich Nahrung und Kleidung, die besonderen Vortheile nicht zu rechnen, die er aus dem Talg, den Därmen, den Knochen und selbst aus dem Miste dieser Thiere zieht.

Das Fleisch des Hammels ist viel schmackhafter, als das eines Mutterschafes; daher werden die weiblichen Schafe, die sich nicht zur Zucht eignen, in der Regel als Jährlinge schon geschlachtet, während zur eigentlichen Mast nur der Hammel gebraucht wird; man sieht deshalb in der Stadt unter den Schafen, welche dem Fleischer zugeführt werden, selten ein Mutterschaf, fast nur Hämmel.

Statt des Fettes haben die Schafe Talg. Derselbe findet sich beim Hammel reichlicher, weißer, trockener, fester, überhaupt von größerer Güte, als bei einem anderen Thiere. Dieser Talg wird in der Kälte hart, während das Fett immer etwas weich bleibt. Der weiße Talg findet sich beim Hammel um die Nieren herum, doch sind auch die Därme, der Schwanz und andere Körpertheile damit versehen. Der beste ist der Nierentalg.

Die Milch erhält sich beim Mutterschafe 7 Monate hindurch und meist im Ueberfluß. Sie ist eine gute Nahrung für Kinder. Auch guten Käse bereitet man aus ihr, besonders wenn sie mit Kuhmilch vermischt wird. In Gegenden, wo die Schafe gemolken werden, geschieht dies in der Regel des Morgens, ehe sie auf die Weide getrieben werden und des Abends, wenn sie zurückkehren, im Sommer zwei, im Winter ein Mal.

Alljährlich nimmt man die Wollschur bei den Schafen vor. Von einer Schur kann eigentlich nur bei uns die Rede sein; denn Büffon erzählt, daß sie in den heißen Ländern, wo man sich nicht scheut, sie gänzlich ihrer Bedeckung zu entkleiden, gerupft werden, und zwar jährlich zwei Mal. Bei uns aber werden sie mit großen Scheeren geschoren. Dies geschieht gewöhnlich im Mai, nachdem man die Thiere gewaschen hat, um die Wolle so sauber wie möglich zu machen. Die Wolle der Hämmel ist meistens reicher und besser als die der Schafe. Den meisten Werth hat die Wolle am Halse und über dem Rücken, weniger werthvoll ist sie an den Hüften, dem Schwanze, dem Bauche, der Kehle rc.; die schlechteste ist die, welche von todten Thieren gewonnen wird, weil ihr die Fettigkeit fehlt. Auch ist die glatte Wolle der krausen vorzuziehen.

Einen bedeutenden Vortheil liefern die Schafe dem Landmann noch dadurch, daß er sie pferchen läßt. Sie werden während der Sommernächte auf einem Ackerstücke in Hürden getrieben, die man täglich weiter rückt. Auf diese Weise wird das Ackerstück gedüngt, und selbst kalter und erschöpfter Boden erlangt auf mehrere Jahre eine bedeutende Fruchtbarkeit.

Selbst die Därme des Schafes weiß der Mensch noch nutzbar zu machen, indem er sie zur Bereitung der Violinsaiten verwendet.

Schon in den ältesten Zeiten tritt das sanfte Schaf als Hausthier auf und es verbreitete sich zugleich mit dem Menschen über die Erde. Die Spielarten, in die es sich verzweigt hat, sind außerordentlich zahlreich, da fast jedes Land seine eigenen Schafe hat, die aber keine verschiedenen Arten ausmachen, indem alle mit einander eine große Nachkommenschaft mit den vermischten Typen ihrer Erzeuger hervorbringen. — Einige Naturforscher sind der Meinung, daß der Mufflon Korsika's der Stammvater unseres europäischen Schafes und der Argali Sibirien's derjenige von den östlichen Racen sei; Andere aber halten das Hausschaf für den Abkömmling einer von Anfang an dem Menschen unterworfenen Race. Beides sind jedoch nur Vermuthungen, denn der Ursprung des Schafes ist wie der mehrerer anderer Hausthiere in geheimnißvolles Dunkel gehüllt.

Kein Hausthier, das Pferd ausgenommen, ist einer solchen Veredlung fähig, als das Schaf. — Das Edelschaf, die Perle der gegenwärtigen Viehzucht, ist das Product tausendjähriger Cultur. — Es lieferte bei sorgfältiger Auswahl der Zuchtwidder in den Händen verständiger Völker ebenso oft die schönsten Resultate, sowohl in Rücksicht auf die Menge, als auch auf die Feinheit der Wolle, als es bei planloser und unverständiger Behandlung in anderen Ländern oft mehr als einmal wieder ausartete. Nie aber ist das Schaf wieder verwildert, wie es bei der ihm verwandten muthwilligen Ziege der Fall ist.

Eine der ältesten Nachrichten über das Schaf wird uns durch die Phönizier. — Unter die wichtigsten Erzeugnisse der phönizischen Industrie gehörten die feinsten gefärbten Wollenzeuge, worin sie mit den Babyloniern wetteiferten. Daß die Wolle schon sehr früh versponnen und verwoben wurde, finden wir in mehreren Stellen der heiligen Schrift (5. Mose 22, 11. Spr. Salom. 31, 13). Die benachbarten nomadischen Völker lieferten den Phöniziern Wolle von vorzüglicher Feinheit und Güte. Schon Herodot kennt und beschreibt das arabische Schaf, und zwar beide Spielarten desselben, sowohl die mit dem breiten, als die mit dem langen Fettschwanze. Diese Thiere waren besonders feinhaarig und ihr Vließ war schon frühzeitig ein bedeutender Handelsartikel. Die liebsten Hausthiere waren auch dem Araber (sein Pferd und) sein Schaf; es waren zwei Juwelen, die er überall mit sich hinnahm, wo er sich niederließ. Die Wolle dieser Schafe, welche in den syrischen und arabischen Wüsten weideten, war, wie schon erwähnt, sehr fein, weil das heiße Klima, der beständige Aufenthalt unter freiem Himmel und die Sorgfalt, welche jene Stämme der Araber auf ihre Heerden verwendeten, dazu beitrugen, sie zu veredeln. Im Besitz solcher Wolle und der Kunst zu färben, sahen sich daher die Phönizier im Stande, ihren Gewändern sowohl durch die Vortrefflichkeit des Stoffes, als auch durch die Schönheit der Farbe eine solche Vollendung zu geben, daß sie ihnen einen bedeutenden Vorzug vor ähnlichen Fabrikaten anderer Nationen verschafften. Die sidonischen Frauen woben, die Tyrier färbten die Zeuge; letzteres geschah hauptsächlich mit dem erst durch einen phönizischen Schäfer entdeckten Purpur, die köstlichste Farbe, welche von der seltenen Purpurschnecke gewonnen wird. Der Hund des Schäfers hatte eine solche Schnecke, am Meeresstrande umherlaufend, aufgebissen und dadurch sich das Maul roth gefärbt. So kam er zu seinem Herrn zurück, welcher glaubte, er habe sich verwundet. Er nahm daher einen Knäul Wolle, und wischte ihm damit das Maul ab. Zwar fand er keine Wunde, wohl aber bemerkte er, daß die Wolle sich prächtig roth gefärbt hatte und dies bestimmte ihn, die Veranlassung der Färbung zu suchen und bald entdeckte er die aufgebissene Schnecke. Darauf öffnete er noch andere und fand bei diesen dieselbe Färbung vor. Weil aber diese Farbe so selten ist, so hatten die damit gefärbten Zeuge auch einen bedeutenden Preis und nur Könige und Fürsten trugen Purpurmäntel. Allenfalls konnten es auch sehr reiche Leute; und einen solchen wählte Christus in seinem Gleichnisse vom reichen Mann, der sich in Purpur und köstliche Leinwand kleidete. Bei den Juden hatte die Schafzucht von vorn herein eine bedeutende Ausdehnung, denn zu Abrahams Heerden gehörten auch zahlreiche Schafheerden. Wir wissen, daß er sich einige Zeit in Aegypten aufhielt, wo er ebenfalls Schafe vorfand.

Wie in Arabien, so fand sich das Schaf in Persien; in den Gebirgen des nördlichen Indiens, in der Nachbarschaft von Kaschmir, gab es zahlreiche Schafheerden. Noch jetzt ist die Wolle der Bergschafe in Tibet, sowie das seidenartige Haar der Bergziege dort ausgezeichnet fein; beide Artikel werden nach dem nahen Kaschmir ausgeführt und dort verarbeitet. Die Ziegen und Schafe in Indien sind größer als die unsrigen. Von den letzteren giebt es auch in Indien die Race mit dem breiten Fettschwanze, welche dem ganzen Orient eigen ist. An ihrem Schwanze befindet sich eine besondere Fettmasse von bedeutendem Gewicht, und wenn die Hämmel gemästet werden, so wird er so schwer, daß man ihn auf einen kleinen Wagen legen muß, den das Thier fortwährend mit sich herumzieht.

Zahlreiche Heerden weideten auf dem westlichen Theile des Paropamisus, über den Alexander ging. — Auch Vorderasien, besonders die Gegend um Milet, war reich an Schafen, und die milesische Wolle galt bei den Griechen für die feinste; die noch feinere Wolle vom inneren Asien konnten die kleinasiatischen Griechen wegen des theuren Transports nicht leicht erhalten.

Bei den Griechen war das Schaf ebenfalls ein wichtiges Hausthier, denn Schaafheerden gehörten zum Reichthum der Fürsten, und zu Homer's Zeiten war ein Schaf nebst einem Lamm ein kostbares Geschenk. Bei den Athenern wurden die Hämmel mit einer Tuchdecke umwickelt, um das Vließ gegen Schmutz und Dorngebüsch zu schützen, ein Verfahren, welches sie von den Megareern entlehnt hatten. Die attische Wolle war daher sehr geschätzt. Zur Blüthezeit Athens stieg der Kaufpreis eines Schafes auf 10 bis 20 Drachmen, während es früher 1 Drachme gekostet hatte.

Zu den Römern kamen erst 300 Jahre vor Christo die Schafscheerer aus Sicilien. Als die vorzüglichsten Schafe werden die apulischen und kalabrischen gerühmt, welche im Sommer auf den Gebirgen und im Winter in der Ebene sich aufhielten; die feinste Wolle hatten die tarentinischen. Bei ihnen waren übrigens die Schafe nicht in so hohem Werthe als bei den anderen Völkern; denn 10 Schafe hatten nur denselben Werth als ein Ochs.

Sehen wir jetzt weiter zu, wie sich die Schafzucht nach und nach bei den verschiedenen Völkern und in den verschiedenen Ländern ausbreitete.

Die Race der deutschen Schafe war klein, aber sie gewannen doch durch die reiche Weide auf den Bergen und in Wäldern, sowie durch die schon früh eingeführte Brache Kräfte und Größe genug, um durch Fleisch, Milch und Fell Nutzen zu gewähren. Wie die Römer, so lernten auch die Deutschen erst später die Wolle durch die Schur gewinnen. Weiber verrichteten dieses Geschäft, was man daraus ersieht, daß es ihnen, nach Einführung des Christenthums, untersagt war, am Sonntage diese Arbeit zu verrichten. Später suchte man die Schafe zu veredeln und zwar durch Widder des Merino- oder Edelschafes, welches in Spanien von vorzüglicher Güte war. Ehe wir die Veredlung desselben in Deutschland weiter verfolgen, wollen wir uns zunächst nach Spanien wenden. Schafe und rohe Wolle wurden hier später als bei den Römern eingeführt; aber sehr bald wurde die dort gewonnene Wolle wegen ihrer Feinheit berühmt. Nach Strabo war die spanische Schafzucht so vorzüglich, daß ein Zuchtwidder mit einem Talent bezahlt wurde. Schon zur Zeit, als die Römer noch die Weltherrschaft führten, war das spanische Schaf durch das afrikanische veredelt worden, was allem Vermuthen nach wohl schon früher geschehen sein mochte, es fehlen uns nur die Nachrichten darüber. Marcus Columella bemerkte, daß das Schaf von Nordafrika das europäische an Feinheit der Wolle weit übertreffe, und deshalb führte er jenes in Gades (Kadir) ein und schuf somit eine veredelte spanische Race.

Das feinwollige arabische Schaf führten aber die Mauren in Spanien ein und sie wurden somit hauptsächlich die Gründer der veredelten Schafzucht in Europa, wiewohl die spätere zweimalige Einführung der eigentlichen Merinos in Spanien aus Nordafrika dem Könige Peter IV. von Arragonien gegen die Mitte des 14ten Jahrhunderts, sowie 200 Jahre nachher dem bekannten Kardinal Ximenes zu Anfange des 16ten Jahrhunderts zugeschrieben wird. Aber dadurch wird das Verdienst der Mauren um die Schafzucht durchaus nicht vermindert, denn es waren immer arabische Schafe, welche in Nordafrika Arabern abgekauft und in Spanien durch sie eingeführt wurden.

Der Name Merinos wird von Einigen von transmarinus abgeleitet, weil die Mauren die Schafe über's Meer nach Spanien brachten; Andere nennen die Merinos Wanderschafe. In Spanien unterscheidet man die Merinos von den gemeinen Landschafen dadurch, daß diese auf den Grundstücken ihrer Eigenthümer bleiben und in Ställen überwintern, während die Merinos immer im Freien bleiben, im Sommer auf die Gebirge getrieben werden, den Winter aber in den wärmeren Ebenen zubringen. Die Nachrichten über das Wandern der Merinos gehen bis in das 13te Jahrhundert zurück, wo die Christen (Westgothen) die Oberhand über die Muhamedaner gewannen und sich nach dem Süden verbreiteten. Sie suchten, da sie alsbald die Vorzüglichkeit der Wolle von diesen Thieren erkannten, dieselben zu erhalten. Es gelang ihnen aber nur mit großer Mühe, einige Thiere vom Untergange zu retten. Erst nach und nach gelang es ihnen, sie wieder zu vermehren und in ihrem Gebiete zu verbreiten. Dadurch bildeten sich die feinen Heerden in Soria und Sogovia, welche die ersten Pflanzschulen der Wanderschafe wurden. Im 14ten Jahrhundert sank aber die Schafzucht durch Vernachlässigung bedeutend und deshalb bezog Peter IV. Berberschafe aus dem Atlasgebirge, durch welche er die inländische Race wieder veredelte. Die Einführung nordafrikanischer, d. h. maurischer oder arabischer Schafe wiederholte sich von Zeit zu Zeit, und namentlich ließ Ximenes eine ganze Heerde einführen.

So entstand die so berühmte Race der Merinos, die unter dem vortheilhaften Klima bei der guten Weide und geschickten Behandlung sich immer mehr veredelte; daher kam es, daß Spanien sich Jahrhunderte lang der feinsten Wolle erfreute, und alle Tuchmanufacturen in den Niederlanden, in Frankreich und England, welche feine Tuche verfertigten, mußten ihre Wolle erst aus Spanien beziehen.

Im 18ten Jahrhundert hatte Spanien 12 Millionen Schafe, darunter aber nur die Hälfte Merinos. — Jetzt aber sind die Merinos in Spanien, ihrem Mutterlande, so ausgeartet, daß sie weit unter dem Edelschafe in Deutschland stehen und ihre Wolle kaum ein Drittel Werth hat von denen der deutschen.

Somit sind wir wieder nach Deutschland zurückgelangt. Hier gab die Züchtung des Edelschafes die erfreulichsten Resultate. Noch ist kein Jahrhundert vorüber und das Schaf ist durch die Deutschen höher hinaufgebildet und weiter veredelt worden, als zuvor in einem Jahrtausend. Aber Fürsten und Unterthanen ließen es sich auch angelegen sein, das Schaf in ihre besondere Pflege zu nehmen und dadurch war es auch nur möglich, daß Deutschland allein so viel Wolle gewinnt, als alle übrigen Länder Europa's, Asien's, Afrika's und Australien's zusammen.

Nach Sachsen kamen die ersten Merinos 1765; es war eine Heerde von 300 Stück, welche, da der Prinz Xaver während der Minderjährigkeit des Kurfürsten Friedrich August um Ueberlassung einer Anzahl Merinos gebeten hatte, der König Karl III. dem sächsischen Hofe zum Geschenk machte. Die Heerde war begleitet mit einem Briefe des Königs, in welchem er die Hoffnung aussprach, es werde die veredelte Schafzucht den Grund zu einem solchen Wohlstande legen, daß es dem Kurfürsten gelingen werde, die Wunde zu heilen, welche der König Friedrich II. von Preußen ihm geschlagen; dies geschahe nämlich 9 Jahre nach dem siebenjährigen Kriege.

Seitdem bildet die Schafzucht den wichtigsten Zweig der sächsischen Landwirthschaft, und Sachsen hat sich nicht nur durch diese erste Einführung der Merinos und die daraus hervorgegangene Verbreitung derselben in Deutschland und andere Länder, ja sogar nach Spanien zurück, ein bleibendes Verdienst erworben, sondern sich auch den ersten Rang unter den europäischen Wollproducenten gesichert. Die sächsische Electoralwolle gilt für die beste in der Welt, und die Schafzucht ist seither eine der Hauptquellen des sächsischen Reichthums.

Nach Preußen gelangten auch sehr bald veredelte Schafe, weil man die Wichtigkeit der Productionen aus inländischer Wolle erkannte.

Schon Friedrich der Große sah die Wichtigkeit der Schafzucht für das Wohl seiner Unterthanen ein und deshalb ließ er im letzten Jahre seines Lebens 100 Böcke und 200 Mutterschafe aus Spanien kommen, die freilich durch Krankheit theils umkamen, theils durch Nachlässigkeit in der Behandlung und Nachzucht ausarteten. Aber spätere Einführungen und Versuche waren erfolgreicher, und die Schafzucht in Schlesien hat schon vielen Nutzen dem Staate selbst gestiftet und manchem anderen Lande veredelte Schafe geliefert. Jetzt besitzt der preußische Staat 16 Millionen Schafe, wovon 4 Millionen ganz, über 7 Millionen halb veredelte und nur gegen 5 Millionen Landschafe sind. Sie geben 325,000 Centner Wolle jährlich, zum Theil die feinsten Sorten, an Werth gegen 35 Millionen Thaler.

Es würde uns zu weit führen, wenn wir die Schafzucht jedes deutschen Landes noch besonders besprechen wollten, es sei nur kurz erwähnt, daß in Hannover 1777, Anhalt 1780, Braunschweig 1783, Baiern und Baden 1788 Merinos eingeführt wurden. Aber auch bereits veredelte Sorten wurden hier und da immer mehr verbreitet.

In Würtemberg erreichte die Schafzucht und die Tuchbereitung den bedeutendsten Aufschwung, was Cellius veranlaßte, diese Industrie im Jahre 1603 in folgenden Strophen zu besingen:

Des Wullin Tuchs ich schweigen wil,
Der andern Sort sind gleiche vil,
Als Engelsat, Boy und Grobgran
Spinnt vnd läßt weben jedermann.
Von solchen Webern die Stadt Calb
Besetzet ist vielmehr denn halb.
Man spinnt, man wibt, man färbt aldo,
So schön als irgend anderstwo.
Mit diesen Wahren könnens b'stehen,
Zu Straßburg, Frankfort, Nördlingen.
Mit Wagen, Karr'n fährt man dahin
Und haben dessen guten Gewinn,
Und wird berühmt diese Stadt
Auch des Woilwerks groß Nutzen hat.

Im Oesterreichischen Kaiserstaat hat die Zucht der Schafe durch Einführung des Edelschafes ebenfalls eine bedeutende Ausdehnung erlangt, besonders wird in Ungarn, Böhmen und Mähren, sowie in Oesterreichisch-Schlesien eine bedeutende Menge guter Wolle gewonnen. Die schönsten feinwolligen Heerden befinden sich aber auf den großen Gütern des Erzherzogs Karl und auf den ungeheuren Besitzungen des Fürsten Esterhazy, der bei einer Versammlung englischer

Schafzüchter einem Engländer, welcher die größte Anzahl Schafe hatte, nämlich 3000, sagen konnte, so viel habe er gerade Schäfer.

Die in Ungarn häufig vorkommenden Zackelschafe (Ovis strepsiceros) sind groß und hochbeinig und haben grobe, lange, zottige Wolle, die meist nicht geschoren wird, sondern die Hirten und Landleute tragen die ganzen, von den Thieren abgezogenen Pelze.

Merkwürdig ist es, daß unter allen europäischen Ländern das kalte Schweden dasjenige ist, in welches die Merinos zuerst (im Jahre 1743) eingeführt wurden, und der Erfolg war ein sehr Gewinn bringender. — Dänemark führte die ersten Merinos 1797 und Holland in demselben Jahre und noch einmal 1812 ein.

Daß in Britannien die Schafzucht sehr früh geblüht habe, beweist die Wolle, welche schon zur Zeit der Römer auf die Märkte von London, York und Colchester zum Verkauf gebracht wurde. Die Veredlung aber begann unter Eduard III. (1327 bis 1377), der 1000 Widder aus Kastilien kommen ließ. Doch mancherlei klimatische Einflüsse sind der Gewinnung der feinen Wolle hinderlich, deshalb ist es jedem englischen Schafzüchter mehr um Erhaltung eines guten Fleisches und vieler Wolle zu thun. — Das englische Nationalschaf ist kolossal im Vergleiche mit dem spanischen; sein Vließ wiegt im Durchschnitt 4 bis 5 Pfund, bisweilen steigt es bis zu 7 Pfund, sein Fleisch ist von vorzüglicher Beschaffenheit und bildet eines der Hauptnahrungsmittel.

Auch die Inseln im Norden und Westen von Schottland halten Schafheerden.

In Frankreich, dem Nachbarlande Spaniens, erkannte man ebenfalls sehr früh die Vorzüge der spanischen Schafe, und deshalb wurden zu verschiedenen Zeiten welche eingeführt. Am meisten Edelschafe wurden während des Krieges unter Napoleon nach Frankreich gebracht, der dem Lande dadurch einen wesentlichen Hebel zum Wohlstande verlieh. Besonders aber gewann die Veredlung der Schafe dadurch Aufschwung, daß die Kaiserin Josephine die Schafzucht leidenschaftlich betrieb und Jeder ihr nachzuahmen sich bestrebte.

Italien erhielt schon früh spanische Schafe; aber nur in Piemont und in der Lombardei scheinen sie mit Sorgfalt gezüchtet worden zu sein. — Die Anzahl der Schafe auf den italienischen Inseln ist gering. Um den Korsen, die eine besondere Vorliebe für das Schäferleben besaßen, das ihrem Hange zu einem müßigen Nomadenleben entsprach, die Schafzucht zu verleiden, ließ Herr von Marboeuf, der vor der ersten französischen Revolution Gouverneur der

Insel Korsika war, und manche Spur seines eifrigen und segensreichen Wirkens zur Hebung der Kultur hinterlassen hatte, in's Geheim eine Anzahl Wölfe aus der Auvergne herüberbringen und sie frei laufen, in der Hoffnung, der korsischen Schafzucht damit einen empfindlichen Schaden zuzufügen. Allein das korsische Klima scheint den Wölfen nicht behagt zu haben, denn sie verschwanden in einigen Jahren spurlos.

In Rußland suchte zuerst Peter der Große die Schafzucht durch Einführung edlerer Stämme zu verbessern. Im Lande selbst sind mehrere eigenthümliche Schafracen, unter denen das langgeschwänzte tscherkessische und das breitgeschwänzte kirgisische Schaf sich besonders auszeichnen. Von dem letztern giebt es in den Steppen zahlreiche Heerden; es ist kräftig und groß, vermehrt sich mehr als andere Racen und bietet durch das Fell und den Talg, den es namentlich im Kurdjuk (Fettschwanze) trägt, dem Eigenthümer vielen Ertrag. Die grobe, langhaarige Wolle kann nur zu Filzdecken verwendet werden. Das tscherkessische Schaf ist über Kaukasien, die Krimm, Neurußland, über die Länder am Don verbreitet und bildet den Hauptgegenstand der dortigen Landwirthschaft. Die Wolle ist zwar reicher als die der vorigen Race, wird aber dennoch nur zu groben Tüchern benutzt.

Auch in Algier wird nach den neuesten Nachrichten die Schafzucht stark betrieben. — In China ist dagegen Mangel an Schafen, weil wegen der Uebervölkerung der Anbau des Landes bedeutender ist, und sich deshalb keine größeren Weideplätze vorfinden. Es ist daher Aussicht, daß mit dem größeren Verkehr ein sehr bedeutender Absatz von wollenen Zeugen dorthin in der Zukunft Statt finden wird.

In die Erdtheile Amerika und Australien wurden ebenfalls Schafe eingeführt. Nach Amerika nahm Kolumbus bei seiner zweiten Fahrt von den canarischen Inseln die ersten Schafe mit. Alle andern eingeführten Thiere sind dort verwildert, nur das Schaf allein ist zahm geblieben. — Australien empfing mit den anderen Hausthieren auch sehr bald das Schaf und jetzt hat es sich so stark vermehrt, daß die Wollausfuhr bedeutend ist und schon auf den deutschen Messen die feine australische Wolle einen ansehnlichen Kaufgegenstand bildet.

Somit haben wir die Verbreitung des Schafes nach allen Ländern hin darum genauer verfolgt, weil dasselbe uns jetzt unentbehrlich geworden ist; denn abgesehen von der Nahrung, welche wir durch sein Fleisch haben, ist es ja das Schaf fast einzig und allein, welches dem Menschen die Kleidung gewährt; — und wie viele Tausend Menschen haben nicht durch die Wollspinnereien und Tuchwebereien ihre Nahrung und mancher reiche Fabrikbesitzer findet die Quelle seines Wohlstandes in der Bereitung des Tuchs.

V. Die Ziege.

Dieses Thier ist die Kuh für die Armen, denn es giebt ihnen Milch, Käse und Butter. Was sie der ärmeren Klasse noch besonders werth macht, ist, daß sie sich leicht ernähren läßt, weil ihr Wegeränder und Hecken das nöthige Futter zu gewähren im Stande sind. Dazu kommt, daß sie sich leicht mit dem Menschen befreundet, sich empfindsam für Liebkosungen zeigt, und fähig ist, Zuneigung zu fassen. — Mit dem Schafe ist sie öfters zu einer Art vereinigt worden, daher wollen wir sie in einzelnen Punkten mit demselben vergleichen, um ihre Eigenschaften in gehöriger Weise hervortreten zu lassen.

Die Ziege ist stärker, leichter, gewandter und minder furchtsam, als das Schaf. Ihre Bewegungen sind stets lebhaft und flüchtig und sehr oft zeigt sie sich launisch und lüstern. Es hält übrigens wegen ihrer Flüchtigkeit sehr schwer, sie zu Heerden zu vereinigen und sie ordentlich zu führen. Dies wird noch ungemein dadurch erschwert, daß sie sehr gern sich in Einöden flüchtet und über abschüssige Stellen klettert. Es scheint ihr eine wahre Lust zu sein, die steilsten Anhöhen und selbst die Dächer der Häuser, wenn dieselben so niedrig sind, daß sie sie durch einen Sprung erreichen kann, zu erklettern und sich mit Neugierde und Stolz umzuschauen. Aber mit derselben Hast, mit der sie die Höhen erstieg, verläßt sie sie auch wieder, und es nimmt uns oft Wunder, daß sie ohne Schaden davon kommt. Der Grund davon läßt sich einzig und allein in der bedeutenden Elasticität ihrer Glieder, aber ganz besonders darin suchen, daß ihre Klauen mit einer elastischen Sohle versehen sind. Die Kühnheit im Klettern geht bei den Ziegen der Gebirgsgegenden so weit, daß sie die Felsspitzen erklimmen und sich dort selbst zum Schlafe niederlegen.

In ihrer Nahrung ist die Ziege, wie schon erwähnt, sehr genügsam. Fast alle, selbst die trockensten und struppigsten Gräser sind gut für sie und nur sehr wenige ihr nachtheilig. Mit dem größesten Appetite weidet sie die struppigsten und mit Dornen beladenen Gesträuche ab, und selbst Giftpflanzen, welche andere Thiere sorgfältig vermeiden, rupft sie ab, um sie, ohne daß ihr Nachtheil daraus erwüchse, zu verzehren. Ueberhaupt trifft sie keine Auswahl beim Fressen, und ohne sich erst die Zeit zur Prüfung ihres Futters zu nehmen, frißt sie Alles weg, was ihr vor das Maul kommt und selbst ganze Holzstücke, woran etwa Blätter saßen, verschlingt sie mit diesen zugleich. Auch das Klima macht ihr nicht viel Beschwerden, deshalb ist es möglich gewesen, wie wir später sehen werden, die Ziege nach allen Richtungen hin auszubreiten und sie als Hausthier zu pflegen.

Die körperliche Beschaffenheit weicht sehr wenig von der des Schafes ab, namentlich ist der innere Bau beider sich fast ganz ähnlich. Auch ernähren sie sich, wachsen und vermehren sich auf dieselbe Weise und gleichen sich ferner durch den Charakter der Krankheiten, welche bei beiden dieselben sind, mit Ausnahme einiger, denen die Ziege nicht unterworfen ist. Dagegen unterscheidet sie sich vom Schafe dadurch, daß sie nicht die zu große Hitze scheut, denn sie schläft in der Sonne und setzt sich gern den glühendsten Strahlen aus, ohne davon beschwert zu werden, und ohne daß diese Hitze ihr Tollheit oder Schwindel verursache. Sie erschrickt ferner nicht, wie das Schaf, beim Gewitter. Dagegen scheint sie empfindsam gegen zu strenge Kälte zu sein. Die äußeren Bewegungen, die eigentlich weit weniger von der Bildung des Körpers, als von der Stärke und Mannigfaltigkeit der auf die Begierden und Neigungen bezüglichen Gefühle abhängen, sind deshalb weit weniger gemessen, und weit lebhafter bei der Ziege als beim Schafe. Ihre Unbeständigkeit prägt sich in der Ungeregeltheit ihrer Handlungen ab; sie geht, sie bleibt stehen, sie hüpft, sie springt, sie nähert sich, entfernt sich, zeigt sich, verbirgt sich wieder schnell und flieht, wie aus Laune und ohne anderen bestimmenden Grund als den der seltsamen Lebhaftigkeit ihres inneren Gefühls; und die ganze Geschwindigkeit ihrer Körpertheile so wie die ganze Kraft des Körpers genügen kaum der Keckheit und Schnelligkeit dieser Bewegungen.

Die oft durch ihre lebhaften Bewegungen ausgedrückte Possirlichkeit wird noch erhöht durch ihr kluges mit einem langen, ehrwürdigen Barte geziertes Gesicht und den langen aufwärts gerichteten und nach hinten gekrümmten Hörnern, welche etwas zusammengedrückt sind, und deren Vorderseite knotig oder kantig ist. Nicht bloß die Böcke (wie bei den Schafen), sondern auch die weiblichen Ziegen sind mit Hörnern versehen, indessen giebt es auch, wiewohl in geringer Menge Ziegen und auch Böcke ohne Hörner.

Auch in der Farbe des Haares weichen sie unter einander bedeutend ab. Man sagt, daß die weißen und die, welche keine Hörner haben, die meiste Milch geben, und daß die schwarzen die stärksten und kräftigsten von allen sind.

Die Zahl und die Bildung der Zähne ist der des Schafes ganz gleich. Sowohl diese, als auch die Knoten der Hörner können das Alter der Ziegen anzeigen und dienen in der Regel als Merkmal für dasselbe.

Der Bock weicht im Einzelnen von der weiblichen Ziege ab. Wie zum Zeichen seiner Männlichkeit trägt er einen längeren und stattlicheren Bart als die Ziege; ebenso präsentirt er sich durch die hervorragendere Länge seine Hörner, den bevorzugten Wuchs, durch die Stärke und Dichtigkeit seiner Haare, durch seine kräftigeren Schenkel, so wie durch den kürzeren und fleischigeren Hals als den Vertheidiger des schwächeren Geschlechts. Viel weniger empfiehlt er sich durch den starken und unangenehmen Geruch, den er verbreitet; derselbe rührt aber nicht von seinem Fleische, sondern von seiner Haut her, wie dies auch bei dem Hunde der Fall ist. Wenn man das Fleisch des Bockes genießen will, so darf man ihn nicht alt werden lassen, denn je älter das Thier wird, desto schlechter wird sein Fleisch, bis es zuletzt ganz untauglich zum Essen wird.

Die Zeit der Begattung ist gewöhnlich im September, October und November. Nach fünf Monaten, im Anfange des sechsten, werfen sie 1, auch 2, seltener 3 und nie mehr als 4 Junge. Diese werden 4 bis 5 Wochen gesäugt und wenn die Zicklein anfangen zu fressen, dann sprossen die ersten Grashalme üppig empor und geben ihnen kräftiges und nahrhaftes Futter. — Eine Ziege trägt nur von dem ersten Jahre ihres Alters bis zu Ende des siebenten; alsdann wird sie, so wie der ausgemusterte Bock mit den jungen Zicklein gemästet. Letztere werden in einem Alter von sechs Monaten verschnitten, um ihr Fleisch saftiger und zarter zu machen. Man mästet sie auf dieselbe Weise wie die Hämmel, aber trotz aller Sorgfalt wird man es nicht dahin bringen, daß ihr Fleisch die Güte des Hammelfleisches erhalte, ausgenommen in den südlichen Erdstrichen, wo das Hammelfleisch fade und von schlechtem Geschmack ist.

Außer dem Fleische liefert die Ziege dem Menschen Milch wie das Schaf, und selbst in größerer Menge, weshalb sie in manchen Gegenden heerdenweise, z. B. in der Schweiz gehalten wird, denn sie bringen einen ziemlich beträchtlichen Gewinn, obwohl ihre Unterhaltung fast nichts kostet. Ihre Milch ist gesunder als Schafmilch:

man macht sogar in der Medizin zuweilen Gebrauch von ihr. Auch gerinnt sie sehr leicht und der aus ihr bereitete Käse hat einen feinen Geschmack und ist überhaupt von vorzüglicher Güte. Dagegen enthält sie nur sehr wenig Buttertheile, und deshalb sondert man ihre Sahne seltener ab, sondern läßt sie im Käse. — Die Ziegen lassen es sich leicht gefallen, auch von anderen als ihren Lämmern gesogen zu werden, sogar von Kindern, denen die Milch eine kräftigende und gesunde Nahrung ist. Dies hat wohl zu dem Glauben Veranlassung gegeben, daß man meint, die Ziege werde (auch manchmal Kühe und Schafe) zuweilen von der Natter ausgesogen. Dasselbe thue auch ein Vogel, der davon seinen Namen erhalten hat. Dieser, nämlich der Ziegenmelker, Ziegensauger oder die fliegende Kröte hänge sich des Nachts an ihre Zitzen und verursache dadurch, daß sich die Milch bald gänzlich verliere. Sie giebt auch reichlich Talg; ihr Haar, obwohl gröber als die Wolle, dient zur Bereitung sehr guter Zeuge und von verwandten Ziegenarten werden sogar aus ihren Haaren Kostbarkeiten verfertigt und ihr Fell, das mehr Werth als das Hammelfell hat, wird zu vielerlei Sachen verwendet.

Je mehr die Ziegen fressen, desto größer wird die Menge ihrer Milch, und um diesen Ueberfluß an Milch zu erhalten, oder noch zu vermehren, läßt man sie viel trinken und giebt ihnen zuweilen Salpeter oder gesalzenes Wasser.

Der Magen hat, wie bei dem Rinde und dem Schafe eine eigenthümliche Einrichtung; er besteht nämlich aus einem vierfachen Magen, den wir beim Rinde noch genauer besprechen werden.

Die Ziegen sind eigentlich, gleich ihren Verwandten, den Gemsen, Gebirgsbewohner; deßhalb trifft man sie dort häufiger heerdenweise an. Sie ersteigen daselbst die steilsten Felsen, und ihr leckerer Gaumen kostet die Pflanzen der gefährlichsten Klippen. Man hält sie weniger heerdenweise in den flachen Ländern, weil sie dort nicht so gut gedeihen und ihr Fleisch von schlechterer Beschaffenheit ist. — Nahrung finden sie überall auf den Haiden, dem Brachlande, dem unbebauten Boden und den unfruchtbaren Landstrecken. Aber wehe, wenn sie einmal dem eingeschlafenen Hirten entlaufen und in die Gärten dringen, oder in's Getreide oder Gehölz laufen, das noch jung ist und geschont werden soll. Was sie nicht fressen, — zerrupfen, zernagen und zerstampfen sie in muthwilliger Lust. — Sie scheuen die feuchten Plätze, die sumpfigen Wiesen und fetten Weiden, dagegen thut ihnen das thaubedeckte Gras sehr wohl, und man führt sie deshalb viel früher als die Schafe auf die Weide. Bei Schnee und Reif behält man sie im Stalle und ernährt sie mit Heu, getrocknetem Laube, mit Kohl, Rüben oder sonstigem Gemüse. In wärmeren Erdstrichen, wo man die Ziegen viel zieht, bleiben sie freilich Winter und Sommer im Freien. —

Die wilde Ziege findet sich jetzt noch im Kaukasus, in den Pyrenäen und in den persischen Gebirgen, aber die von ihr abstammende zahme Ziege trifft man in vielen Gegenden verwildert an. Dennoch kann sie ihre Zutraulichkeit gegen den Menschen schwer wieder verleugnen. Folgende Erzählung gebe Zeugniß davon: Als im Jahre 1698 ein englisches Schiff an der Insel Bonavista angelegt hatte, erschienen zwei Neger an Bord und boten den Engländern unentgeldlich so viel Böcke an, als sie mitnehmen wollten. Auf das Erstaunen, das der Capitain über dieses Anerbieten äußerte, antworteten sie, es gäbe nur 12 Personen auf der ganzen Insel; die Böcke und Ziegen hätten sich jedoch in dem Grade vermehrt, daß sie beschwerlich würden und weit entfernt, sich mit großer Mühe fangen zu lassen, folgten sie den Menschen mit einer Art von Hartnäckigkeit, gleich den Hausthieren.

Auch auf einigen italienischen Inseln leben die Ziegen verwildert, desgleichen auf den canarischen Inseln, namentlich auf Madeira; und auf der Insel Fernandez haben sie sich seit 1705 so vermehrt, daß sie hier wie auf den vorgenannten Inseln ein Gegenstand der Jagd geworden sind.

Den Alten war die Ziege schon Hausthier geworden. So besaß Abraham unter seinen Heerden eine Menge Ziegen; ferner wird unter den Hausthieren der Griechen ebenfalls die Ziege aufgezählt; die Perser hielten sie wegen ihrer Haare, um sie zu Zeugen zu verarbeiten, und die Römer hatten sie ebenfalls gezähmt. Wahrscheinlich waren es die letzteren, welche sie nach Deutschland einführten und verbreiteten. Besonders war es wieder Karl der Große, dessen Streben immerwährend darauf gerichtet war, den Ackerbau und die Viehzucht zu verbessern, der auch der Zucht der Ziegen seine größere Aufmerksamkeit schenkte. Von denen, welche auf seinen Höfen gehalten wurden, benutzte man Hörner, Felle und Fleisch; auch mußte man von ihnen fette Schinken liefern. Weil sie aber in Wäldern großen Schaden anrichteten, wurde ihre Hütung nicht erlaubt. In Stefanswerth befanden sich 17 Böcke, 58 Ziegen, 12 Zickel; in Asnapium 30 Ziegen mit Zickeln, 30 Jährlinge oder Böcke; in Grisenweiler 15 Ziegen mit Zickeln, 6 Jährlinge, 6 Böcke; auf einem andern Gute 30 Ziegen mit Zickeln, 90 Jährlinge, 10 Böcke. — In Klöstern und Dörfern wurden sie darum gehalten, weil ihre Felle den Mönchen und Bauern zur gewöhnlichen Kleidung dienten.

Die Araber hielten die Ziegen wegen ihrer Milch und ihrer Haare, die sie vielfach benutzten.

Nach Amerika wurden sie erst nach der Entdeckung dieses Erdtheils gebracht, und die ersten, welche dort hin kamen, nahm Columbus bei seiner zweiten Fahrt von den canarischen Inseln mit. Diese und andere aus Spanien eingeführte Individuen haben sich in dem Maaße vermehrt, daß ihre Anzahl jetzt nicht mehr zu berechnen ist. — Auch Australien hat seine Ziegen erst aus Europa erhalten, aber die ungeheure Anzahl Hunde, die für Australien eine wahre Plage geworden ist, läßt in ihrem Heißhunger kleinere Thiere, wie Kaninchen, Schafe, Ziegen ꝛc. nicht aufkommen. — Wir sehen also, daß die Ziegen fast über die ganze Erde verbreitet sind: sie sind nur kleiner in Guinea und in den anderen wärmeren Ländern, sie sind größer in Rußland und in den anderen kalten Erdstrichen.

Die angorischen oder syrischen Ziegen, auch Kämelziegen, gehören derselben Gattung an wie unsere Hausziegen. Sie haben herabhängende Ohren. Das Männchen hat fast eben so lange Hörner wie der gewöhnliche Bock, nur sind sie anders gestellt und gebogen; sie dehnen sich an jeder Seite des Kopfes wagerecht aus, bilden Schneckenlinien und sehen fast wie ein Kugelzieher aus. Die Hörner des Weibchens sind kurz und krümmen sich nach hinten abwärts und dann wieder nach vorn hin, so daß sie beim Auge enden. Ihr Haar ist sehr lang, sehr dicht, und so fein, daß man daraus Zeuge bereitet, die eben so schön sind, wie unsere Seidenzeuge. Am bekanntesten ist das aus ihrem Haar bereitete Kämelgarn, das fälschlich Kameelgarn genannt wird.

Das feinste und geschätzteste Wollhaar gewinnt man von der Kaschmirziege, die im Himalaja-Gebirge lebt. Aus der Wolle bereitet man die kostbarsten Kaschmirshwals, von denen einer 400 bis 10,000 Thaler kostet. Dies kommt aber großentheils noch daher, weil sich der Stoff gar schwer verarbeiten läßt, denn 3 bis 4 Menschen müssen an einem einzigen Shwal 6 bis 8 Monate lang arbeiten. Jetzt sind etwa 16,000 Stühle mit der Verarbeitung der Kaschmirwolle beschäftigt. —

Wir erwähnen noch zur Verwandtschaft der Ziege gehörig, den Steinbock, der die höchsten Felsspitzen der Gebirge bewohnt und sehr selten, nur bei anhaltend schlechtem Wetter und im strengen

Winter die Waldregion betritt. Ferner zählt man zu dieser Verwandtschaft sämmtliche Antilopenarten, wozu die Gemse und das Gnu gehören, die Gazelle, die Schafe und die Rinder, von denen wir die letzteren noch genauer kennen lernen werden.

VI. Das Rind.

Das zahme Rind (Bos taurus) wird nach den Stufen des Alters und nach dem Geschlecht mit verschiedenen Namen belegt. — Bis zum ersten Jahre wird es ohne Unterschied des Geschlechts Kalb genannt. Alsdann aber führt das weibliche Thier die Namen: Kalbin, Kalbel, Rind, Ferse und Stärke, jedoch hat jede Gegend als Benennung nur einen, höchstens zwei dieser Namen. Sobald das Thier das erste Kalb geboren hat, wird es den Kühen beigezählt. Das männliche Rind, welches zur Zucht verwendet wird, führt die Namen: Sprungstier, Bulle, Farren, Hummel, Fasselochs und Mummi. Diejenigen dagegen, welche zum Ziehen oder zur Mastung bestimmt sind, werden schon als Kälber verschnitten und heißen im ersten Jahre Stiere und später Ochsen. In wenigen Fällen werden auch Bullen zum Ziehen benutzt und es wird auf einzelnen größeren Gütern ein großer Theil der Arbeit mit ihnen abgemacht. Sie sollen eine kaum glaubliche Kraft besitzen und sogar die Pferde noch übertreffen. Es ist uns erzählt worden, daß einmal, als 4 Pferde eine Fuhre Dünger nicht vom Hofe ziehen konnten, ein Bulle dies möglich machte. Er mußte jedoch erst zum Zorn gereizt werden. Der Zorn ist überhaupt den männlichen Rindern eigen und deshalb ist es gefährlich, dieselben zur Arbeitsleistung zu verwenden. — Es ist jedenfalls rathsam, die Nähe des Bullen zu meiden, da er in seinem Zorn Jeden anfällt, und Mancher hat höchst gefährliche Wunden durch ihn erhalten, die ihn entweder zeitlebens zum Krüppel machten, oder wohl gar einen höchst schmerzhaften Tod herbeiführten.

Auch die Kühe werden zum Ziehen der Wagen und beim Pflügen gebraucht. Die Arbeitskräfte und Leistungen sind je nach dem Geschlechte verschieden. Kühe sind schwächer als Ochsen und Zuchtstiere. Sie werden deshalb nur in ganz kleinen Wirthschaften verwendet; namentlich von den sogenannten Büdnern, die nur ein kleines Stück Land, nur einige Morgen, besitzen. Diesen müssen sie sämmtliche Fuhren leisten und auch den Acker umpflügen. Sie sind übrigens stark genug, einen nicht allzuschweren Boden zu lockern, und wenn sie nicht zu sehr angestrengt werden, dann schadet es ihrem Milchertrage durchaus nicht. Die Kühe bewegen sich schneller als die Ochsen, und sie eignen sich deshalb sehr gut zum Fortschaffen kleinerer Lasten, z. B. leichterer Düngerfuhren.

Sonst werden zum Pflügen meistens die Ochsen gebraucht und in der Regel bilden drei derselben ein Gespann. — Zum Fahren eignen sich die Pferde weit besser, denn selbst auf ebenem Boden und in gerader Richtung beträgt die Arbeit eines Ochsen nur $^3/_4$ von der des Pferdes, und bei solcher Arbeit, wo viele Wendungen zu machen sind, erreicht er noch nicht so viel, weil seine Gewandtheit sehr gering ist, und ihn seine Schwerfälligkeit bei der Ausführung der Arbeit hindert. Aber zum Pflügen, wo es auf langsames und gleichmäßiges Fortschreiten hauptsächlich ankommt, eignet sich das Rind ganz vorzüglich. Es scheint für den Pflug gemacht zu sein; die Masse seines Körpers, die Langsamkeit seiner Bewegungen, die geringe Höhe seiner Beine, Alles, bis auf seine Ruhe selbst und seine Geduld in der Arbeit, scheint beizutragen, ihn zum Feldbau zu eignen und den Widerstand des Erdbodens beim Aufbrechen durch den Pflug in Ruhe und Geduld zu besiegen.

Der Hauptsitz der Kraft liegt bei dem Rinde in den Halsmuskeln, darum legt man ihm ein Joch an, und es würde, wenn man ihm ein Brustgeschirr geben wollte, bedeutend weniger leisten.

Die Kühe nützen außer ihrer Arbeit namentlich durch ihre Milch. Im Durchschnitt giebt eine Kuh jährlich 300 bis 310 Tage Milch und ist sie gut genährt und ausgewachsen, so erhält man von ihr in dieser Zeit gegen 1000 Maaß und oft noch darüber.

Aus dem Rahm oder der Sahne (den Fetttheilen in der Milch, welche sich sehr bald nach oben absondern) bereitet man die Butter. Nicht alle Sahne giebt gleichviel, was von der Nahrung der Kühe abhängig ist, denn je besser dieselbe, desto fetter ist die gewonnene Milch. Daher kommt es, daß die Maibutter, weil sie am fettesten und schmackhaftesten ist, am meisten geschätzt wird; denn das Gras hat, da es eben erst aus der Erde hervorsprießt, und wie man zu sagen pflegt, da es noch jung und frisch ist, am meisten Nahrungsstoff, kann also viele Fetttheile absondern. Gewöhnlich gehören 8 bis 9 Maaß (Quart) Milch dazu, um 1 Pfund Butter zu gewinnen.

Die Butterbereitung wird auf folgende Weise vorgenommen. Man stellt die Milch im Sommer an einen kühlen Ort; im Winter muß sie jedoch in einem mäßig warmen Zimmer stehen, denn die

Kellertemperatur reicht dann nicht aus, um das Gerinnen der Milch zur gehörigen Zeit zu bewerkstelligen. Steht sie im Sommer zu warm, dann gerinnt sie zu schnell und scheidet den Rahm nicht gehörig aus, steht sie aber im Winter zu kalt, dann gerinnt sie zu spät und wird bitter.

Hat sich der Rahm oder die Sahne ausgeschieden, so schöpft man ihn mittelst eines Löffels ab und bewahrt ihn in den Rahmtöpfen. Wenn man eine hinreichende Menge Rahm angesammelt hat, so bringt man ihn in das Butterfaß, in welchem er entweder gestoßen (in den Stoßbutterfässern), oder geleiert wird (in den Drehbutterfässern). Nach einiger Zeit scheiden sich kleine Butterklümpchen aus, und wenn sich alle zu einem Klumpen vereinigt haben, so ist das eigentliche Buttern beendigt. Alsdann wird die Butter herausgenommen und gewaschen. Das Wasser wird mehreremals abgegossen und die Butter wird in demselben so lange geknetet, bis es nicht mehr getrübt wird. Nicht aller Rahm ist zu Butter geworden; es scheidet sich eine Flüssigkeit als Buttermilch ab, welche einen angenehmen Geschmack hat und von Liebhabern als Delikatesse genossen wird. Ungesalzene Butter kann leicht verderben und ranzig werden, daher versetzt man sie nach dem Waschen mit Salz. Auf ein Kilogramm Butter rechnet man 30 bis 40 Gran Kochsalz. Dem Verderben der Butter kann auch durch das Auslassen derselben vorgebeugt werden. Sie wird geschmolzen, bis die anfänglich trübe Flüssigkeit vollkommen klar geworden ist. Die Butter ist im Sommer gelber als im Winter. In dieser Jahreszeit wird sie darum öfters gefärbt, was durch Orlean, durch Curcuma oder durch den Saft der Möhren oder Ringelblumen geschieht. — Welch eine bedeutende Rolle die Butter in unserem Haushalte und unter unseren Nahrungsstoffen einnimmt, ist hinreichend bekannt.

Aus der Milch wird noch der Käse bereitet, welches auf verschiedene Weise geschieht. Bei uns benutzt man in der Regel zur Käsebereitung nur abgesahnte Milch, aber der davon erhaltene Käse ist sehr m a g e r. Nimmt man dagegen die Milch sammt dem Rahm, und zwingt sie durch hineingeworfenen Laab zum baldigen Gerinnen, so gewinnt man einen f e t t e n, angenehm süßlich schmeckenden Käse, der weit und breit berühmt ist und vielfach gegessen wird. Die berühmtesten Käsesorten sind der Schweizer-, der holländische, besonders der Limburger, der englische, der Mecklenburger Käse. Wird bei der Bereitung der fetten Käse gar noch besonders Rahm hinzugethan, so erhält man den R a h m k ä s e. Bei der Gewinnung des mageren oder

Hand-Käse, an den oft Kümmel (Carum Carvi) gethan wird und der dann Kümmelkäse heißt, wird die Milch, wenn der Rahm entfernt ist, auf den Ofen oder an recht warme Orte gestellt, um sie „auftreten" zu lassen. Es scheiden sich sodann durch die Wärme veranlaßt, die wässerigen Theile aus und um sie noch mehr zu entfernen, schüttet man die schon käseartige Masse in einen leinenen Beutel. Dann läuft die Flüssigkeit, Molken genannt, ab, während die Käsemasse (Quark, Schmierkäse, weißer Käse) als ein Brei zurückbleibt. Diesen mengt man mit Salz und giebt ihm mit der Hand die runde Form oder schneidet ihn mit einem Messer in längliche Vierecke. Darauf wird er an der Luft getrocknet, gewöhnlich in den bekannten aus Draht gefertigten Käsekörben, und später legt man ihn in einen Topf oder in ein Fäßchen um ihn „alt" werden zu lassen.

Fette Käse werden nur aus süßer Milch bereitet, die man, wie schon oben erwähnt, durch Laab bei einer Temperatur von 30 bis 40 Grad zum Gerinnen bringt. Sobald sich der Käsestoff abgeschieden hat, verwandelt sich die Milch in eine gallertartige Masse. Diese zerschneidet man mit einem hölzernen Messer und preßt den Käse. Man wiederholt dieses Verfahren so oft, bis die Molken ziemlich vollständig entfernt sind. Wenn nun der Käse anfängt fest zu werden, so wird er mit Kochsalz versetzt, zusammengeknetet und in eine entsprechende Form gepreßt. Ist der Käse geformt, so wird er noch eine Zeit lang in erwärmte Molken getaucht, bis er eine Rinde erhält. Nach dem Abtrocknen wird er von Neuem gepreßt. Endlich wird er mit Kochsalz eingerieben und zum Trocknen auf ein Brettgestell gelegt. Diese Käsesorten sind viel größer als die bei uns bereiteten mageren Käse, die in manchen Gegenden auch Kuhkäse oder Bauernkäse genannt werden.

In einigen Käsesorten, wie z. B. in dem Schweizerkäse, gewahrt man oftmals sehr große Löcher, wie etwa in der Brotkrume. Dieses rührt von dem Molken her, der bei der Zubereitung nicht vollständig entfernt wurde. Der Molken enthält Zucker welcher sich in Weingeist und Kohlensäure verwandelt, durch das Entweichen der Kohlensäure wird die Käsemasse aufgelockert, gerade so wie der Brotteig. An dem holländischen Käse sieht man diese Poren nicht. Diesem Käse wird aber auch eine größere Menge Kochsalz zugesetzt, wodurch der Umwandlung des Zuckers vorgebeugt wird. Sollen Käse gut werden, so müssen sie zugleich an einem geeigneten Orte aufbewahrt werden. So lange er noch frisch ist, ist er weiß wie Kreide; hat er aber erst einige Zeit gelegen, so wird er gelb und durchscheinend (zeitig oder speckig) und nimmt den eigenthümlichen Käsegeruch an. Sehr alter Käse verliert allen Zusammenhang und zerfließt zu einer schmierigen Masse; auch wird er bedeutend ammoniakhaltig. Auf der Oberfläche zeigt sich das Altwerden zuerst, das sich nach und nach vollkommen gleichförmig durch die ganze Masse nach dem Innern zu fortpflanzt. Der speckige Ring an noch frischen Käsen wird fortwährend größer, bis der Käse gänzlich davon durchdrungen ist.

Die sogenannten Kräuterkäse werden aus trockenem geriebenen Käse und gewürzhaften Kräutern bereitet. — Gehörig ausgepreßter und abgetrockneter Käse verliert an seinem ursprünglichen Gewichte 15 bis 25%. Bei längerem Liegen verliert er besonders dadurch immer mehr, daß er von Zeit zu Zeit abgeschabt und getaucht werden muß.

Aus 2 bis 3 Maaß fetter Milch kann man ein Pfund Käse bereiten; von mageren Kühen gebraucht man jedoch 4 bis 5 Maaß. —

Das Kalbfleisch kommt in der Regel auf unseren Tisch, ohne daß die geschlachteten Kälber vorher besonders gefüttert worden wären; denn, wie schon bemerkt, werden sie meistens von der Muttermilch weggenommen, um dem Messer des Fleischers überliefert zu werden. Dagegen genießen wir das Fleisch eines Rindes selten, ohne daß die Stiere, Ochsen oder Kühe vor dem Schlachten eine besondere Mastung durchgemacht hätten. Der Landwirth, oder in der Stadt der Viehmäster, weiß sehr wohl, wie die Folge des verschiedenen Mastfutters sein muß, um ein Rind möglichst bald fett zu bekommen. Gutgepflegte Ochsen können schon nach drei Monaten ausgemästet sein.

In Betreff des Nutzens, den das Rind dem Menschen gewährt, sei noch kurz bemerkt, daß außer dem Fleische und der Milch fast jeder Körpertheil dieses Thieres verwendet wird. Die Haut benutzen wir zu Leder zubereitet zu Stiefeln &c. &c., die Haare zum Polstern, die Hörner zu den verschiedensten Sachen, die der Horndrechsler daraus anzufertigen weiß. Aus den Knochen gewinnen wir erst den Leim und gebrauchen sie dann noch bei der Raffinerie des Zuckers. — In England, Irland, Holland, der Schweiz und dem Norden Deutschlands wird das Ochsenfleisch in großer Menge eingesalzen und geräuchert, sei es zum Gebrauch auf der See, oder zum Vortheil des Handels. Aus diesen Ländern geht auch eine große Menge von Häuten in's Ausland. Das Ochsenfell und selbst das Kalbfell dienen, wie schon erwähnt, zu unendlich mannigfaltigem Gebrauch und das Kalbfell, welches über die Trommeln gespannt wird, ist zum Sprichwort geworden, denn dasselbe sagt den unfolgsamen Kindern: „Wer Vater und Mutter nicht gehorcht, muß dem Kalbfell folgen!“ — Auch der Talg ist ein nützlicher Stoff an Speisen und wird besonders als Brennmaterial zu Talgkerzen verarbeitet. — Der Mist des Rindes ist der beste Dünger für trockenen und leichten Boden. — Das Horn dieses Thieres war das erste Gefäß, woraus man getrunken hat, das erste Instrument, worein man geblasen, um den Ton zu vermehren, der erste durchsichtige Stoff, den man gebrauchte, um Fensterscheiben und Laternen zu verfertigen, und den man geweicht, bearbeitet und geformt hat, um Büchsen, Kämme und tausend andere Sachen daraus zu bereiten. —

Das Rind hat im Ganzen 32 Zähne; im Unterkiefer 8 Schneidezähne, und auf jeder Seite jeden Kiefers 6, zusammen 24 Backenzähne. Die Eckzähne überhaupt und die Schneidezähne im Oberkiefer fehlen dem Rinde, wie dem Schafe und der Ziege.

An der Zahl und Größe der Zähne läßt sich das Alter des Rindes annähernd bestimmen. Das Kalb bringt gleich bei der Geburt die Schneidezähne mit zur Welt oder erhält sie doch in den ersten Wochen seines Lebens. Hat es aber ein Alter von 1½ Jahren erreicht, so wechseln die beiden vorderen Schneidezähne und die 4 vordersten Backenzähne. Ist es 2½ Jahr alt geworden, so wechseln die nächsten Zähne; nach 3½ Jahren die äußeren Mittelzähne und die dritten Backzähne und nach 4½ Jahren die Eckschneidezähne. — Vor dem Ende des ersten Jahres erscheinen die vierten Backenzähne; die fünften erhält es im Alter von 2 bis 2½ Jahren und die sechsten im vierten oder fünften Jahre. Die hinteren Backenzähne wechseln nicht. Das Wechseln der Zähne tritt öfters früher oder später ein, je nachdem das Rind genährt wird und mehr im Stalle lebt.

Das höhere Alter der Kühe kann ferner nach der Beschaffenheit ihrer Hörner ziemlich sicher bestimmt werden; daher besichtigen auch Käufer zunächst Zähne und Hörner. An diesen setzt sich nämlich bei jedesmaligem Kalben ein ringförmiger Wulst am Grunde ab.

In seinen Hörnern hat das Rind eine bedeutende Vertheidigungswaffe, und es vermag dieselbe um so wirksamer zu gebrauchen, als das Thier in den Halsmuskeln den Hauptsitz seiner Kraft hat. Das weiß auch das Rind sehr wohl; denn selten vertheidigt es sich durch Ausschlagen mit dem Fuße; es bietet vielmehr dem Angreifer in rascher Wendung seinen bewaffneten Kopf dar. In den Pampas, wo die Rinder oft von reißenden Thieren angefallen werden, stellen sie sich truppweise mit dem Hintertheile zusammen und zeigen mit aller Entschiedenheit den Angreifern ihre gefährliche, spitze Waffe, mit der sie Jeden, der es wagt, sich ihnen zu nahen, durchbohren oder in die Luft schleudern, um ihn hernach mit ihren Füßen zu zerstampfen. — Diese Hörner, welche, meist etwas gebogen, ihre Spitze nach oben richten, sind nicht, wie bei der Ziege und dem Schafe, zusammengedrückt und knotig, sondern rund und glatt und kommen bei dem Kalbe schon in dem ersten Halbjahre zum Vorschein.

Ihre Füße, die ihnen den Kampf erleichtern helfen, sind in zwei Theile gespalten, und jeder dieser Theile ist mit einem festen, hornartigen Hufe überkleidet.

Die Rinder weichen, wie die anderen zahmen Thiere, in der Farbe unter einander ab; man findet rothe, weiße, schwarze, blaue und gemischtfarbige. Die schwarzen erinnern uns an den Apis der Aegypter, denn derselbe mußte ein über und über schwarzer Stier sein und an der Stirn einen blendend weißen Stern haben.

Die Größe und das Gewicht des Rindes ist abhängig von der Race und seiner Ernährung. Im Allgemeinen erreicht es bei reichlicher Nahrung in dem Alter von 2 bis $2\frac{1}{2}$ Jahren, bei mangelhafter Nahrung dagegen erst im dritten Jahre und etwas darüber die Höhe seiner Mutter. Im fünften Jahre, oft noch etwas später, hat sich der Körper nach allen Richtungen hin hinlänglich ausgebildet. Deshalb giebt die junge Kuh bis zu diesem Zeitpunkte noch nicht den vollen Milchertrag.

Sehr kleine Kühe wiegen etwa nur 500 bis 600 Pfund; mittelgroße Kühe 700 bis 900 Pfund. Sind sie groß und gut genährt, so werden sie oft 1000 bis 1400 Pfund schwer. Das Gewicht eines ungemästeten Ochsen wechselt zwischen 700 bis 1500 Pfund. Im December 1814 zeigte man in Wien einen Schweizerochsen, der 18 Ctr. wog; der Riesenochse Molli, welcher im Februar und März 1857 in Berlin ausgestellt war, wog 4293 Pfund und der sogenannte Pariser Fastnachtochse im Jahre 1822 wog 30 Ctr. Der englische Graf Wacclesfield besaß 1821 eine 18jährige Kuh von der Nord-Devonshire-Zucht, welche 2284 Pfund wog.

Das Rind kann ein Alter von 20 bis 25 Jahren erreichen; gegen Ende des siebenten Jahres hat es sein Wachsthum völlig beendet.

Die Trächtigkeit der Kuh dauert durchschnittlich 40 bis 41 Wochen oder 285 Tage. Die Dauer der Tauglichkeit währt bei dem männlichen Rinde kaum 5 Jahre; die des weiblichen selten über 11 bis 12 Jahre.

In sehr vielen Fällen wird das Kalb schon bis zum achten Tage seiner Geburt von der Mutter weggenommen, um geschlachtet zu werden. Dies ist leider ein Uebelstand, der jetzt schon zu weit um sich gegriffen hat, denn, obwohl das Kalbfleisch für Gesunde und Kranke eine sehr gesunde und kräftige Nahrung ist, so ist das Fleisch doch nach ein Paar Tagen noch zu weichlich und unreif. Am besten ist das Fleisch, wenn das Kalb 30 bis 40 Tage alt geworden ist. — Wird es aber zur Zucht bestimmt, dann besteht seine Nahrung in den sechs ersten Wochen ausschließlich aus Muttermilch. Sparsame Wirthe suchen es jedoch schon, wenn auch nur theilweise, eher von der Muttermilch zu entwöhnen; es wird getrennt von der Mutter — „angebunden," — um den Milchertrag der Kuh nicht gänzlich zu verlieren. Geschieht dies aber nicht, so bedarf das Kalb täglich in der ersten Woche durchschnittlich 3 Maaß, in der sechsten Woche dagegen 6 Maaß Milch. Mit der siebenten Woche genießt es schon etwas feines Heu und mit der neunten Woche fängt Wasserzusatz zur Milch mit feinem Schrotmehl vermengt an. Nach dem ersten Vierteljahr giebt man dem jungen Thiere keine Milch mehr, sondern es empfängt nunmehr Heu. Dies beträgt täglich etwa 20 bis 22 Pfund und oft sind darunter noch ein Paar Pfunde Haferschrot. Aber statt des Heues giebt man ihm im Winter auch oft noch Runkeln und Stroh, im Sommer dagegen empfängt es nur Grünfutter. — Zum Aufziehen wählt man vorzugsweise solche, die in den Monaten April, Mai und Juni geboren sind; die später geborenen können nicht Stärke genug gewinnen, um nicht durch die Kälte des Winters zu leiden, ja es geschieht sogar oft, daß sie durch zu große Kälte umkommen.

Das Gewicht eines neugebornen Kalbes beträgt ungefähr 100 Pfund; bis es von der Milch ganz entwöhnt wird, wiegt es etwa 250 bis 260 Pfund.

In vielen Gegenden werden die Rinder im Sommer auf die Weide geführt, wo sie sich ihre Nahrung selbst suchen müssen; aber es giebt auch wieder viele Gegenden, wo sie den Stall auch im Sommer nicht verlassen. Dann besteht ihre Nahrung in Heu (Gras, Klee u. s. w.), Kartoffeln, Wurzelwerk, Kleie, Futterstroh und etwas Salz.

Zur Nahrung des Rindes gehört auch das Wasser. Eine Kuh bedarf im Winter auf 1 Pfund trockenes Futter 2 Pfund Wasser, im Sommer dagegen etwa 3 Pfund. Ein Arbeitsochse hat sowohl im Winter als im Sommer etwas weniger nöthig.

Ein kleiner Zusatz von Salz macht das Futter wohlschmeckender und gedeihlicher; doch giebt man in vielen Gegenden dem Rind gar kein Salz, häufig blos, weil es dort zu theuer ist. Im südlichen Deutschland und in der Schweiz dagegen hält man sehr viel auf das Salzgeben. Man rechnet auf ein Stück Großvieh jährlich 12 bis 18 Pfund gewöhnliches Salz, das man in kleinen Portionen reicht. Füttert man verschlammtes Heu oder viel rohes Wurzelwerk, so sollte das Salz am allerwenigsten fehlen. Wer sich des sogenannten Viehsalzes oder des Steinsalzes zur Fütterung bedient, braucht $1/3$ weniger als vom Kochsalz. Im Durchschnitt läßt sich der Bedarf für ein erwachsenes Stück Rindvieh, sei es Kuh, oder Ochs, oder Bulle, auf 20 Pfund Steinsalz annehmen.

Soll das Rind gedeihen, so muß es recht reinlich gehalten werden. Zu diesem Zwecke striegelt und bürstet man es und sorgt dafür, daß es ein trockenes Lager hat. Man bedarf zur Einstreuung für eine Kuh den Tag etwa 4 bis 6 Pfund Stroh, das in vielen Gegenden durch schlechtes Heu oder durch Kiefernadeln und trocknes Laub (Streußel) ersetzt wird. Das Ausmisten des Stalles erfolgt bei gehöriger Reinlichkeit gewöhnlich alle zwei Tage.

Mit dem Dünger eines mittleren Rindes können $2 1/4$ Morgen auf ein Jahr, selbst bei den starkangreifenden Pflanzen vollkommen ausgedüngt werden.

Ganz besonders eignet sich das Rind, um futterarme Weiden zu verbessern. Denn da seine Lefzen (Lippen) dick sind, so kann es nur langes Gras abweiden, und zerrt nicht so leicht die Wurzel mit heraus, wie die Schafe und Ziegen es thun; ferner frißt es auch die gröbsten Grasarten weg, die es mit seiner Zunge, welche auf der Oberseite durch Warzen eine bedeutende Schärfe hat, leicht abrupfen kann, und rottet sie dadurch allmälig aus. Denn die feineren Grasarten gewinnen, da sie schneller emporsprossen können, nach und nach mehr Raum und verdrängen nun die schilfartigen Gräser. Bei dem Pferde ist es aber umgekehrt; denn dasselbe frißt nur die feineren Grasarten, die gröberen wachsen alsdann um so schneller in die Höhe, tragen Saamen, der sich ausstreut und keimt, wodurch nach ein Paar Jahren die Weide für das Pferd ganz untauglich geworden ist.

Das Rind frißt schnell und nimmt in kurzer Zeit alle Nahrung zu sich, die es nöthig hat. Darauf hört es auf zu fressen, legt sich nieder, und beginnt nun wiederzukäuen. Diese Verrichtung des Thieres, um seine Nahrung zu verdauen, entspringt aus dem eigenthümlichen Bau seines Magens. Derselbe besteht aus einem geräumigen Sack, der in vier Abtheilungen zerfällt. Zuerst gelangt die Nahrung in den Pansen und in die Haube oder den Netzmagen. In denselben ballt sie sich zu Knäueln zusammen, die nunmehr in den dritten Magen übergehen würden, da sich die beiden ersten fortwährend zusammenziehen und ihren Inhalt herausstoßen. Aber die Röhre, welche nach dem dritten Magen führt, ist zu eng, um deise festen Knäuel aufnehmen zu können und deshalb werden sie in die Mundhöhle zurückgedrängt. Nun beginnt das Thier seine Zähne von Neuem in Bewegung zu setzen, die Nahrung wird dadurch zermalmt und durch den hinzutretenden Speichel flüssiger. Erst jetzt kann sie in den dritten Magen, den Psalter oder das Buch, so genannt, weil er aus mehreren an einander gelegten Blättern oder Hautfalten besteht, durch die enge Röhre hindurch eintreten; aber von dort muß sie erst noch in den vierten Magen, das Laab übergehen, um völlig verdaut zu werden.

Alle Thiere, bei denen die Verdauung auf die eben beschriebene Weise vor sich geht, die also ihre Nahrung zwei Mal kauen, heißen Wiederkäuer. Zu diesen gehört auch das Schaf und die Ziege.

Auch die Rinder sind den verschiedensten Krankheiten unterworfen. — Es kommt nicht selten vor, daß in manchen Gegenden die Kühe von dem Blutharnen, oder vom rothen Wasser, befallen werden, das sie öfters tödtet. Die Hirten sind der Meinung, daß diese Krankheit durch den Genuß einer Pflanze, die sie Schwarzkopf nennen, herbeigeführt wird. Es ist dies der gemeine Marbel (Luzula campestris DC.), eine Pflanze, die schon im ersten Frühjahr hervorbricht. Andere Krankheiten sind die Maulfäule, die Klauenseuche, die Lungenseuche, der Milzbrand und die Rinderpest. Diese alle sind ansteckend und deshalb wird sofort von Seiten der Polizei eine Viehsperre angeordnet, damit nach dem Gebiete, wo eine dieser Krankheiten ausgebrochen ist, nicht gesunde Thiere geführt werden, die ebenfalls von derselben Krankheit ergriffen würden. Weniger lebensgefährlich sind die Maulfäule, die Klauenseuche und die Lungenseuche. Die von ihnen befallenen Rinder magern zwar sehr ab, können aber meistens wieder gerettet werden. Gefährlicher ist der Milzbrand, da jedes Thier, welches von dieser Krankheit befallen wird, sterben muß. Am gefährlichsten aber ist die Rinderpest, denn eine Heerde, in welcher diese Krankheit ausbricht, ist unrettbar verloren. Mit großer Schnelligkeit verbreitet sie sich und nicht selten sind schon ganze Districte ihres Rindviehes durch diese Krankheit beraubt worden. Da im Jahre 1856 wieder viele Ortschaften der östlichen Bezirke unserer Monarchie dieses Unglück kennen gelernt haben, so hat die Regierung sich veranlaßt gesehen, die strengsten Maaßregeln bei der Viehsperre anzuordnen. Zugleich aber sind die gründlichsten Untersuchungen über diese Krankheit angestellt worden. Man hat aber gefunden, daß keine Rettung möglich ist, und deshalb müssen nach der polizeilichen Verordnung die kranken Thiere sofort getödtet werden. Aber noch nicht genug! man muß die gefallenen sofort in tiefe Gruben verscharren, denn wenn man von ihnen die Haut, das Haar, oder die Hörner noch benutzen wollte, so würde mit diesen die Krankheit verbreitet werden. Selbst diejenigen Leute, welche in der Nähe eines von der Rinderpest befallenen Thieres sich aufhielten und es vielleicht gar berührten, nehmen den Krankheitsstoff in ihren Kleidern mit fort und verbreiten die Krankheit überall, wohin sie kommen. Deshalb hat die Regierung die Besitzer vom Rindvieh darauf aufmerksam gemacht, einen Schlächter oder Viehhändler, der aus einer solchen Gegend kommt, wo die Rinderpest herrscht, weder den Viehstall, noch überhaupt das Gehöft betreten zu lassen.

Merkwürdig ist es, daß diese Pest nur das Rind trifft, während andere Hausthiere nie davon befallen werden. Dagegen richtet die Lungenseuche oder gar der Milzbrand häufig große Verheerungen unter einer Schafheerde an; in gleicher Weise leiden Schafe und Ziegen auch an der Maulfäule und Klauenseuche. Noch fügen wir hinzu, daß eine dieser Krankheiten, an denen unsere Hausthiere leiden, der Milzbrand, sogar den Menschen treffen kann. Ein Landwirth war so unvorsichtig, eine eben am Milzbrand erkrankte Kuh schlachten zu lassen. Der Arbeitsmann, welcher dieses Geschäft verrichtete, verwundete sich unmerklich. Sogleich trat das Blut des eben getödteten Thieres in die kleine Wunde ein, der Mann bekam den Milzbrand und war unrettbar verloren. Nach zwei Tagen lag er im Sarge. Während seiner kurzen Krankheit klagte er heftig über unsäglich brennende, innerliche Hitze, und der damit verbundene quälende Durst konnte durch fortwährendes Trinken von kaltem Wasser nicht gelöscht werden. Dem Landwirthe selbst flog beim Zerhauen der Knochen des Rindes ein Knochensplitter an den Kopf oberhalb des Auges und verletzte ihn nur sehr gering. Nichtsdestoweniger verbreitete sich die Entzündung sofort, und der Mann konnte nur dadurch gerettet werden, daß die Aerzte ihm die Haut in der Umgegend theilweise ablöseten. — Ebenso unzweifelhaft, wie die oben mitgetheilte Thatsache ist folgende: Ein Schäfer zieht einem eben am Milzbrand verschiedenen Hammel das Fell ab. Eine Fliege, die von dem Blute des Thieres getrunken, sticht ihn, und auch er muß nach einigen Tagen eines schrecklichen Todes sterben. — Es ist daher, wie wir dies schon von der Rinderpest bemerkten, verboten, von einem am Milzbrand gefallenen Thiere das Fell oder sonst etwas zu benutzen. Das Thier darf nicht abgehäutet und muß möglichst tief vergraben werden. —

Wollen wir einige Charakterzüge dieses uns so nutzbaren Hausthieres kennen lernen, so müssen wir uns die Schweizerkühe ansehen, die ja wegen ihrer schönen Gestalt und vorzüglichen Milch weit und breit bekannt sind. Man meint auch nicht mit Unrecht, das Vieh des Hochgebirges sei klüger und munterer als das des Thales; denn das Leben im Freien, wozu ja jedes Thier ursprünglich bestimmt war, bildet den natürlichen Instinkt besser aus. Das Thier, das fast ganz für sich sorgen muß, ist aufmerksamer, sorgfältiger, hat mehr Gedächtniß, als das stets gepflegte. Die Alpkuh weiß jede Staude, jede Pfütze, kennt genau die besseren Grasplätze, weiß die Zeit des Melkens, kennt von fern die Lockstimme des Hüters und naht sich ihm zutraulich; sie weiß, wann sie Salz bekommt, wann sie zur Hütte oder zur Tränke muß. Sie spürt das Nahen des Unwetters, unterscheidet genau die Pflanzen, die ihr nicht zusagen, bewacht und beschützt ihr Junges und meidet achtsam gefährliche Stellen. Letzteres geht bei aller Vorsicht doch nicht immer gut ab. Der Hunger drängt sie oft zu den noch unberührten fetten, aber gefährlichen Rasenstellen, und indem sich die Kuh über die Geröllhalde bewegt, weicht der lockere Grund und sie beginnt bergab zu gleiten. Sowie das Thier bemerkt, daß es sich selber nicht mehr helfen kann, läßt es sich auf den Bauch nieder, schließt die Augen und ergiebt sich mit wunderbarer Resignation in sein Schicksal, indem es langsam fortgleitet, bis es in den Abgrund stürzt oder von einer Baumwurzel aufgehalten wird, an der es die hülfreiche Dazwischenkunft des Sennen abwartet.

Sehr ausgebildet ist namentlich bei dem schweizerischen Alpenrindvieh jener Ehrgeiz, der das Recht des Stärkeren mit unerbittlicher Strenge handhabt und darnach eine Rangordnung aufstellt, der sich alle fügen. Die „Heerkuh,“ welche die große Schelle oder „Trichle“ trägt, ist nicht nur die schönste, sondern auch die stärkste der Heerde und nimmt bei jedem Umzug unfehlbar den ersten Platz ein, indem keine andere Kuh sich herausnähme, ihr voranzugehen. Ihr folgen die stärksten „Häupter,“ gleichsam die Standespersonen der Heerde. Wird ein neues Stück zugekauft, so hat es unfehlbar mit jedem

Gliede der Genossenschaft einen Kampf zu bestehen, und darnach seine Stelle im Zuge einzunehmen. Bei gleicher Stärke setzt es oft böse Kämpfe, da die Thiere stundenlang nicht von der Stelle weichen. Die Heerkuh, im Gefühle ihrer übergeordneten Stellung, leitet die weidende Heerde, geht zur Hütte voran, und man hat oft bemerkt, daß sie, wenn sie ihres Ranges entsetzt und der Vorschelle beraubt wurde, in eine nicht zu besänftigende Traurigkeit verfällt und ganz krank wird.

Ueber die Abstammung des Rindes haben sich hauptsächlich zwei Ansichten geltend gemacht. Einige meinen, es stamme von dem jetzt noch spärlich vorkommenden Auerochsen ab; aber dies ist sehr in Zweifel zu ziehen, da der Auerochs 14, das gemeine Rind aber nur 13 Rippenpaare hat. Dazu kommt noch, daß der Auerochs eine wahre Abneigung gegen unser Rind zeigt und kein Thier dieser Art in seiner Nähe duldet. Ob nun die alten Deutschen ihr Rindvieh bei ihrer Einwanderung schon gezähmt mitbrachten, ist sehr in Frage zu stellen und es gewinnt die zweite Ansicht, daß das Rind von dem wilden Ur, der in Deutschland sich vorfand, abstamme, immer mehr Raum, da man auch ferner noch angiebt, daß die alten Deutschen anfangs nur Kühe gezähmt hätten, weil ihnen der Ur-Stier weniger Nutzen versprochen habe. Zur Paarung brachte man die Kühe in die Wälder und holte sie nach einigen Tagen zurück. Aber mit den Wäldern Deutschlands ist auch der Ur-Stier verschwunden und jetzt findet er sich nirgends mehr wild vor. — Verwilderte Rinder giebt es dagegen in Amerika in großer Menge.

Die Europäer führten, sobald sie ein neues Land entdeckt hatten, sofort ihre Hausthiere ein, und dadurch kam das Rind sehr bald nach Amerika. Columbus führte solche ein, und später folgten nach und nach größere Sendungen, die sich in dem fruchtbaren Lande unter dem Einflusse des milderen Klima's bald außerordentlich vermehrten. Daher waren 27 Jahre nach seiner Entdeckung Heerden von 4000 Stück gar nichts Ungewöhnliches und es gab sogar solche von 8000 Stück. Bald aber war es nicht mehr möglich, die Aufsicht über diese immer zahlreicher werdende Heerden genau zu führen. Sie leben jetzt in den grasreichen Pampas ganz verwildert und schwärmen dort zu Millionen umher. Sie werden förmlich erlegt, um ihr Fleisch und ihre Haut, die einen bedeutenden Handelsartikel bilden, zu gewinnen. — Auch nach Australien wurde das Rind durch seine Entdecker verpflanzt, wo es jetzt theils zahm, theils verwildert lebt, und den Einwohnern den verschiedensten Nutzen gewährt.

In der alten Welt hat aber das Rind seine Bedeutung, soweit die Geschichte reicht und darüber hinaus. Es ist daher anzunehmen, daß der Ur-Stier nicht allein in Deutschland seine Heimath hatte, sondern auch in anderen Ländern lebte. Sehen wir zunächst auf Asien. Dort zog schon Abraham mit zahlreichen Rinderheerden in das Land, das ihm der Herr zeigte, nach Palästina, wo er die fettesten Weiden fand. Auch die Perser hatten es frühzeitig zum Hausthier gemacht, und benutzten die Ochsen zum Ziehen und zu den verschiedenen Feldarbeiten. Noch jetzt findet sich das Rind in diesem Erdtheile; z. B. in Java hält man die europäische Kuh; da sie aber wieder ausartet und erst durch neue aus Europa ersetzt werden muß, so giebt man deswegen der Zucht der Zebukuh den Vorzug. Auf den Philippinen, wohin das Rind durch die Spanier kam, lebt es jetzt sogar zum Theil verwildert.

Aber auch in Afrika kannte man das Rind schon in den frühesten Zeiten. Als Abraham in Aegypten sich eine Zeit lang aufhielt, fand er daselbst Rinderheerden, und die Hausthiere der einst so berühmten Karthager bestanden aus Rindern und Pferden.

Von den europäischen Völkern, die im Alterthume eine Rolle spielten, pflegten das Rind als Hausthier besonders: 1) die Griechen. Sie verwendeten viel Sorgfalt für das Thier und hatten verschiedene mehr oder weniger edle Racen. Den Ochsen gebrauchten sie beim Pflügen ihrer Aecker. 2) die Römer. Sie hielten hauptsächlich solche, welche dunklere Farben besaßen, weil diese härter sein sollen und mehr ertragen können.

Auch die Alemannen, Longobarden und Franken beschäftigten sich mit der Zucht des Rindes. — In Deutschland beschäftigt man sich jetzt allenthalben mit der Rindviehzucht. Und so geschah es von Anfang an; denn die geschichtlichen Angaben liefern uns Beläge genug, daß sich Völker und Fürsten (besonders Karl der Große) und selbst die Geistlichkeit in den verschiedenen Klöstern damit beschäftigten und für seine weitere Ausbreitung Sorge trugen, da man seinen Nutzen immer mehr schätzen lernte.

Daher kam es denn, weil die Viehzucht die Hauptbeschäftigung der meisten europäischen Völker wurde, daß die Rindviehzucht in diesem Erdtheile auf eine hohe Stufe der Vollkommenheit gelangte. Durch die verschiedene Behandlung der Thiere, die Lage und das Klima des Landes und die Beschaffenheit des Futters sind verschiedene Racen oder Unterarten des Rindviehes entstanden, und aus deren Kreuzung wieder eine Menge Varietäten hervorgegangen. So ist beinahe in jedem Lande eine besondere Race. In Europa hat man polnisches, ungarisches, ukrainer, moldauer, schweizer, tyroler, holsteiner, friesisches und englisches Rindvieh und eine Menge anderer Racen. Den Höhenverhältnissen des Landes nach theilt man das Rindvieh ein in Niederungs-, Hochlands- und Bergrace. Die Niederungs- oder Marschrace hat einen großen und starken Körperbau; diese Thiere geben die meiste, aber nicht sehr fette Milch und eignen sich sehr gut zur Mast, hingegen sind sie schlechte Zugthiere. Die Race des Hochlandes ist nach Verschiedenheit des Bodens, auf dem sie lebt, der Weide und Stallung, der Sorgfalt in der Wartung, sehr verschieden. Sie giebt weniger, aber fettere Milch als die Marschrace und liefert die besten Zugochsen. Man trifft sie auf den Hochebenen Europas, in England, Polen, Ungarn, Deutschland, und zwar in letzterem Lande in Franken, Sachsen, Thüringen, Schwaben rc. Die Bergrace, besonders auf den Alpen und Hochgebirgen der Schweiz, in Tyrol und Vorarlberg, theilt sich in großes und kleines Bergvieh. Ersteres weidet in den Thälern und auf den Voralpen, oder wird auch im Stalle gefüttert; letzteres sucht sein Futter auf den höchsten Alpen. Zu dem großen Schlage gehört unter Andern die Simmenthaler, Berner und Freiburger Race; zu dem kleineren das Haslivieh und die kleinere Tyroler Race.

Zu den Wiederkäuern, als welche wir das Rind, das Schaf und die Ziege bisher kennen lernten, gehören noch folgende, in näherer oder entfernterer Verwandtschaft mit den besprochenen stehende Thiere.

1. Die Giraffe (Camelopardalis Giraffa L.). Sie lebt in Afrika, vom Südrande der Wüste Sahara bis zum Kap der guten Hoffnung.

2. Der Hirsch (Cervus L.). Hierher rechnet man a) das Elenn (C. Alces), das früher sich auch in Deutschland und namentlich in unseren märkischen Gauen bewegte und jetzt noch im Norden der alten und neuen Welt sich findet; b) das Rennthier (C. Tarandus), welches im Norden der alten und neuen Welt vorkommt und in vielen Ländern gezähmt ist; c) den Edelhirsch (C. Elaphus) mit rundem Geweih; d) den Damhirsch (C. Dama) mit schaufelförmigem Geweih und e) das Reh (C. capreolus). Die drei letzten Arten kommen auch bei uns vor.

3. Das Moschusthier (Moschus moschiferus) in Hochasien.

4. Die Antilopen, deren es eine große Zahl giebt. Dazu gehören das Gnu und die Gazelle.

5. Zu dem Schaf gehört der Argoli (Ovis ammon) in den Alpen von Mittel- und Nordasien; der Mufflon (Ovis Musimon) in Sardinien, Korsika, auf den griechischen Inseln und in Westasien, (Mehrere sind der Meinung, daß von diesen beiden Thieren unser Hausschaf abstammen soll) und das Hirschschaf (Ovis tragelaphus) in Nordafrika.

6. Zu den Ziegen gehören der Steinbock (Capra Ibex), der sich jetzt nur noch um den Monte Rosa findet, die Gemse (Capra rupicapra) in den Alpen, Pyrenäen und dem Kaukasus, die Hainziege in den Gebirgswäldern von Ostindien und Japan, und der Klippspringer in Afrika.

7. Zu dem Rinde gehören: a) der Büffel (Bos bubalus) in Indien; b) der Yack oder Grunzochs (Bos grunniens) in Tibet; c) der schon erwähnte Auerochs (Bos urus); d) der Riesenbüffel (Bos Arni) in Indien; e) der Bison (Bos americanus), welcher in Nordamerika in großen Heerden lebt, und f) der Bisamochs (Bos moschatus) im äußersten Nordamerika.

8. Das Kameel (Camelus L.), wozu das Trampelthier (C. bactrianus) mit zwei Höckern und das Dromedar (C. Dromedarius) mit einem Höcker gerechnet wird. Beide Thiere sind nicht mehr wild, sondern sind jetzt Hausthiere geworden. Ersteres findet man von Osteuropa an durch ganz Mittelasien, letzteres in Asien und Afrika. Ihre ursprüngliche Heimath ist Hochasien.

9. Das Lama (Auchenia Illig). Es giebt vier Arten davon; nämlich das eigentliche Lama, das Guanaco, der Alpaco und die Vicunnaziege.

VII. Das Pferd.

Das Pferd stammt aus Hochasien, aus der Wüste Gobi, und scheint schon Zeitgenosse des Mammuths gewesen zu sein, da man unter den Thierresten, welche die Erde birgt, unzählige Pferdeknochen gefunden hat. Es hat sich aber gerettet aus der allgemeinen Fluth, welche das Leben auf der Erde zu vernichten drohte, um dem Menschen, der Krone der Schöpfung, von unberechenbarem Nutzen sein zu können. — Südeuropa bekam seine Pferde aus Afrika, wohin sie schon frühe gekommen sein müssen; das übrige Europa aus

Asien. Keine Thierart hat durch die Zucht so viel gewonnen und sich so sehr veredelt und verändert, als das Pferd. Seine Racen bieten nächst dem Hunde die größesten Verschiedenheiten dar. Welcher Unterschied zwischen einem englischen, friesischen, mecklenburgischen Wagenpferde, dem schlanken Araber und dem kleinen Pferdchen in Schweden, Schottland, Irland und Korsika! Aber wohin der Mensch ging, dahin begleitete ihn auch das Pferd, ertrug alle Unannehmlichkeiten der klimatischen Veränderungen, gewöhnte sich gleich ihm, veränderte sich aber und entwickelte sich in eigenthümlicher Weise fort in dieser Veränderung, welche Klima, Nahrung und Pflege hervorgerufen hatten. —

Welche Völker alter und neuer Zeit haben sich mit der Pferdezucht beschäftigt und welche thun es noch heut vorzugsweise? — Die Juden hatten Pferde erst seit Salomo, obwohl sie ihnen schon früher bekannt waren, was wir aus mehreren Stellen der heiligen Schrift entnehmen. Salomo führte sie zuerst aus Aegypten nach Syrien ein, trieb einen bedeutenden Handel mit ägyptischen Pferden und ließ sich zu diesem Zwecke 40,000 Pferdeställe bauen. Bei den Griechen und Trojanern waren sie schon im trojanischen Kriege in Gebrauch. In Nordgriechenland und zwar in Thessalien hielt man hauptsächlich Pferde. Die Einwohner dieses Landes scheinen die ersten Reiter in Griechenland gewesen zu sein, weil die Sage die Centauren nach Thessalien und zwar an den Berg Pelion verlegte. Auch das Schlacht- und Lieblingsroß Alexanders d. G. war thessalischer Abkunft. Die Athener gewöhnten das Pferd erst unter der Regierung des Erichthonius an den Wagen. Die griechischen Pferde stammten wahrscheinlich aus Aegypten her; sie besaßen ein unbändiges Feuer, aber eine rohe Gestalt. Erst durch die Perserkriege und den Feldzug Alexanders d. G. verbesserten sich die Racen in Griechenland.

Die Aegypter hatten sie bereits zu Josephs und Moses Zeiten, doch scheint ihre Zucht damals noch nicht alt gewesen zu sein. Sie waren von schönem Schlage, hatten einen stolzen Anstand, einen starken vollkommenen Wuchs und waren denen ähnlich, die man jetzt aus Dongola erhält. Einige glauben, daß sich die alte ägyptische Race in der heutigen turkomannischen erhalten habe, welche in Syrien neben der arabischen in gleicher Ehre steht. Nach Homer holten die Griechen und Trojaner ihre besten Pferde aus Aegypten. Jedoch hatten die Aegypter ebenso wenig wie die Griechen und Trojaner eigentliche Reiterei, sondern ihre Kriegsmacht bestand außer dem Fußvolk aus Kriegswagen, und die Wagenlenker spielten keine unbedeutende Rolle bei dem Kampfe. Auf den alten Denkmälern sieht man keine Aegypter als Reiter, wohl aber ihre Feinde, die Araber und Indier, auf Pferden abgebildet.

Die Perser benutzten das Pferd sehr früh zum Kriege; denn die persische Reiterei war ehemals die beste des Orients. Besonders ausgezeichnet waren aber diejenigen Pferde, welche in der Nähe der Stadt Nisa in Medien gezogen wurden; sie waren im Alterthume ebenso geschätzt, wie jetzt die arabischen, und nur sie allein würden für würdig gehalten, die Wagen der persischen Könige zu ziehen. Diese Race ist nicht untergegangen; noch jetzt reitet der Schach bei feierlichen Gelegenheiten ein weißes Prachtroß. — In Babylon hatten die Perser ihre Königsrosse und es waren dort sogar Stutereien dafür eingerichtet.

Nach Italien kamen die ersten Pferde aller Wahrscheinlichkeit nach mit den griechischen Einwanderern. Die Pferdezucht der Römer wurde nach Besiegung von Carthago durch numidische Pferde veredelt. Die Imperatoren spannten an ihren Triumphwagen Pferde von weißer Farbe; woraus man annehmen kann, daß die Schimmel sehr selten waren. Das steigende Bedürfniß der Circusspiele erforderte viele und vorzügliche Renner, die daher in hohem Preise standen. Zu Varro's Zeiten wurden für ein einzelnes Viergespann 20,000 Thaler Gold bezahlt. Das Futter für dieselben bestand aus Gerste, Bohnen und Kleie. Die Sitte, die Pferde zu beschlagen, kam in Rom unter den ersten Kaisern auf. Der grausame Kaligula ließ sein Pferd „Incitatus" aus goldener Krippe fressen und wollte es sogar zum Consul machen.

Die edelsten Pferde, welche man aber kennt, sind die arabischen. Ueberhaupt liefert uns der Orient die schönsten und besten Pferde; unter diesen bildet freilich das arabische die Krone seines Geschlechts. Es eignen sich nämlich die trocknen Hochebenen Asiens: Arabien, Persien, selbst noch die Tartarei, Kleinasien und viele Theile von Afrika ganz vorzüglich zur Zucht der Pferde. Alle Länder, die hoch über dem Meere liegen, ein trocknes Klima, nahrhafte, wenn auch nur wenige Futterkräuter und eine reine Luft haben, sind den Pferden günstig, und dazu gehören vor allen Arabien und Persien. Nun kommt noch die Liebe des Arabers zu seinem Roß hinzu, seine stete Sorgfalt für dasselbe, seine Aengstlichkeit bei der Zucht, nach welcher nur das Edelste gepaart wird.

Erst seit dem Auftreten des Muhamedanismus scheint man angefangen zu haben, die Pferde zu veredeln, da die Alten die edlen Rosse nicht kannten. Zu Muhameds Zeiten hatten die Araber noch keine vorzüglichen Pferde, aber Rosse aus Kappadocien und anderen Gegenden Asiens, die sie von ihren Nachbarn erhielten. Schon diese wurden so sorgfältig gepflegt und so gleichförmig und mit so strenger Auswahl durch die schönsten Thiere derselben Race fortgepflanzt, daß bereits im 13ten Jahrhundert das arabische Pferd in hohem Rufe stand.

Die jetzigen Araber haben drei Pferderacen, die Atterbi, Kadischi und Kohlani (Köheili, Kochlani). Die beiden ersten sind gewöhnliche Dienstpferde, die Kohlani aber sind reinen Blutes und stammen nach der Volkssage von den Lieblingsstuten des Propheten ab. Muhamed, so erzählt man, lieferte eine Schlacht, die drei Tage dauerte; während dieser ganzen Zeit setzten seine Krieger den Fuß nicht auf den Boden, und die Stuten, die sie ritten, hatten weder Speise noch Trank. Endlich, am dritten Tage kam man an einen Fluß, und der Prophet befahl, daß die Pferde abgezäumt und in Freiheit gelassen werden sollten. Vom glühenden Durste fast verzehrt, stürzten alle diese Pferde, zehntausend an der Zahl, nach dem Fluß, als im Augenblick, wo sie das Ufer erreichten, die Trompete des Propheten sie zurückrief. Zehntausend Pferde hörten das Signal, aber nur fünf folgten dem Rufe, verließen den Fluß, ohne nur ihre Lippen benetzt zu haben, und kehrten zu ihrer Fahne zurück. Der Prophet segnete die Stuten und färbte ihre Augenlider mit Kohol, daher der Name Kohlani, was geschwärzt bedeutet. Von diesem Augenblicke an wurden sie von dem Propheten selbst und von seinen Gefährten Ali, Omar, Abu-Bekr und Hassan geritten, und von diesen geweiheten Stuten stammen alle edlen Renner Arabiens ab.

Die große Ueberlegenheit des arabischen Pferdes verdankt man theils der außerordentlichen Sorgfalt der Beduinen in Erhaltung der Reinheit des Blutes, theils der wohlwollenden und freundlichen Art, mit der das Pferd im Zelte des Herrn behandelt wird, wo es der Liebling der Kinder und gleichsam ein Familienglied ist. — Es hat einen kleinen, magern und ausdrucksvollen Kopf mit feurigen, hervorstehenden meist schwarzen Augen. Die Ohren sind beweglich und schön angesetzt, die Stirn ist breit, die Nase gerade, die Nüstern weit, das Maul klein, die Zähne stark und gesund, die Kinnladen (Ganaschen) breit und kräftig, was wohl daher kommt, daß diese Thiere darauf angewiesen sind, hartes Futter und Wurzeln fressen zu müssen. Der Hals ist schön und ähnelt häufig dem Hirschhalse, den man übrigens bei allen den Thieren findet, die sehr schnell und ausdauernd sind. Der Leib ist schlank und rund, der Rücken ganz gerade, während er bei den gemeinen Pferden eine krumme Linie bildet; der Schweif ist hoch angesetzt und wird immer, besonders aber bei schnelleren Gangarten, schön im Bogen getragen. Die Schultern oder vorderen Hüften sind flach, schräg ablaufend und muskulös; der obere Theil der Vorderbeine ist lang, und die Muskeln und Sehnen liegen hier frei. Die Füße haben an dem hintern Theile, an der sogenannten Köthe fast gar keine Haare, welches ein Zeichen des edlen Blutes ist, denn alle gemeinen Pferde besitzen große Büschel an jener Stelle. Die Hufe sind länglich und fest; desgleichen sind die Füße gut und stark gebaut, an ihrem oberen Theile — der Hose — fleischig, muskulös und schön gerundet, die Sprunggelenke sind stark, mit beträchtlicher Biegung. Der Körper ist in allen seinen Theilen symmetrisch schön gerundet, jedoch häufig mager, was man der geringen Menge und der Art des Futters zuschreiben muß. Selbst bei geringer, kaum zureichender Nahrung und bei den größten Beschwerden verliert das edle arabische Roß sein Feuer, seinen guten Willen nicht, der Gang bleibt lebhaft und anmuthig, das Auge strahlt Leben und Muth, der Schweif bildet immer den hohen Bogen. Das kurze glänzende Haar, die schönen hellen Farben, das kräftige Hintertheil, ganz für den Reiter gebaut, das Zierliche und Graziöse in allen Theilen und Bewegungen und die Ausdauer, auf schwierigem Terrain, bei Hunger, Durst und Hitze, vollenden die Vollkommenheiten eines guten Pferdes.

Bei der Züchtung der Pferde sehen die Beduinen-Araber vorzüglich darauf, daß der Hengst wie die Stute von unbezweifelt reiner Abkunft, von edelstem Blute sind. Schönheit gilt ihnen weniger als reine Race und Tüchtigkeit; sie wählen lieber einen anerkannt schnellen, ausdauernden und kräftigen Hengst, der gerade keine auffallenden Fehler besitzt, als einen bei Weitem schönern, von dessen Fähigkeiten sie nicht überzeugt sind. Ebenso verfahren sie bei der Wahl der Stuten. Sie nehmen nur die schnellsten, tüchtigsten und dauerhaftesten zur Zucht; Nachkömmlinge von solchen schätzen sie am höchsten, natürlich, wenn sie zugleich vom edelsten Blute sind. Größe, vollkommener Bau, und schöne Formen stehen bei ihnen in zweiter, obige Vorzüge in erster Linie.

Wenn ein Füllen von edler Race geboren wird, so holt der Besitzer mehrere Personen als Zeugen zusammen, die die Echtheit des Thieres bekunden müssen. Es wird ein Geburtsschein ausgefertigt, auf dem die Zeit der Geburt, die Kennzeichen und Merkmale des Füllens und die Namen der Mutter und des Vaters angegeben sind. Da sich nun mit der Zeit von allen edlen Thieren ein ordentlicher Stammbaum gebildet hat, dessen Echtheit von Tausenden bezeugt werden kann, so wird derselbe dem Geburtsschein noch angefügt, in ein kleines Stück Leder gewickelt, mit Wachsleinwand überzogen und dem Pferde um den Hals gehängt. Wir lassen hier einen solchen Geburtsschein folgen:

Gott

Enoch.

Im Namen des gnädigen Gottes, des Herren aller Geschöpfe; Friede und Segen sei mit unserm Herrn Muhamed und seiner Familie und seinen Anhängern bis zum Tage des Gerichts. Und Friede sei mit allen Denen, welche diese Schrift lesen und den Inhalt derselben verstehen. Gegenwärtige Schrift bezieht sich auf das graulich-braune Füllen mit vier weißen Füßen und einem weißen Abzeichen auf der Stirn. Es stammt aus der echten Race Saklawy und heißt Obegan; seine Haut ist so glänzend und rein wie Milch, es gleicht den Pferden, von welchen der Prophet sagt: Wahre Reichthümer sind eine edle und feurige Pferderace — und von welchen Gott sagt: Die Kriegsrosse stürzen sich auf den Feind mit mächtigem Schnauben und stürzen sich in die Schlacht früh am Morgen. Und Gott sprach die Wahrheit in seinem unvergleichlichen Buche. — Dieses unvergleichliche Saklawy-Füllen wurde gekauft von Koshran, dem Sohne Emheiyts, aus dem arnazischen Stamme Zebaa. Der Vater dieses Füllens ist der treffliche braune Hengst aus der Race Koheilan, welcher den Namen Merdschan führt; seine Mutter ist die berühmte Saklawy-Stute, bekannt unter dem Namen Dscheona. Demgemäß, was wir gesehen haben, bezeugen wir auf unsere Glückseligkeitshoffnung und auf unseren Gürtel, o Scheikhs der Weisheit und Besitzer der Pferde! daß dieses graue obenerwähnte Füllen noch edler ist als sein Vater und seine Mutter, und dieses bezeugen wir nach unserer besten Kenntniß durch diese gültige und vollkommene Unterschrift. Dank sei Gott, dem Herrn aller Geschöpfe!

Geschrieben am 16ten des Safar im Jahr 1223 (nach unserer Zeitrechnung 1808).

Noch mehr als das Pferd pflegt der Araber die jungen Füllen, und mit noch mehr Zärtlichkeit als seine eigenen Kinder. Wenn es geboren wird, fängt er es mit den Händen auf, damit es nicht unsanft auf den Boden falle, dann wird es sorgfältig im Zelt gepflegt und gewartet, wodurch es so zahm wird, daß es mitten unter den Kindern der Familie schläft und mit ihnen spielt. Wir erwähnen nur noch, daß es längere Zeit mit der Milch vom Kameele getränkt wird, die außerordentlich nährend und stärkend für das Thierchen ist. Schon vom zweiten Jahre an werden sie an die Arbeit gewöhnt und dressirt. Zuerst reiten die Kinder, mit denen sie innigst vertraut sind, auf ihnen. Sie bekommen dazu einen Sattel aufgelegt, den sie auch während der Nacht behalten, damit sie daran sich gewöhnen und sich nicht auf die Seite legen, woran sie durch die großen Steigbügel verhindert werden. Desgleichen müssen sie an eine schöne Haltung des Kopfes, an eine gefällige Krümmung des Halses und an ein zierliches Tragen des Schwanzes gewöhnt werden.

Weil ein solches Pferd für Kenner einen entzückenden Anblick gewährt, so stehen diese Thiere sehr hoch im Preise. Ganz edle und geprüfte Pferde sind eigentlich den Beduinen gar nicht feil. Doch eher noch verkaufen sie Hengste als Stuten. Letztere hat man schon mit 1000 bis 3000 Dukaten bezahlen wollen, aber der Besitzer, der weiter nichts hatte, als seine geliebte Stute, schlug diese Summe dennoch aus. Schon im Alterthume wurden viele Hundert Kameele für eine einzige Stute hingegeben. Auch für die Hengste wurden 300 bis 600 Dukaten bezahlt. Ibrahim Pascha kaufte in Hedschas, einem Theile des steinigten Arabien, einen Hengst für 50,000 Franken und ein Scheich hatte sogar dafür, daß er halber Eigenthümer einer Stute werden konnte, 10,000 Franken gegeben. Solche Käufe, um die Hälfte oder um das Drittel, kommen in Arabien öfters vor; ja sehr theure Stuten gehören wohl 10 Herren an. Das Recht eines von den Käufern wird mit einem der Füllen, welche die Stute noch wirft, abgefunden. Auch wird manchmal eine Stute unter der Bedingung verkauft, daß alle Beute, die ihr Reiter macht, zwischen ihm und dem Verkäufer getheilt werde.

Im Allgemeinen befinden sich die arabischen Rosse stets im Freien und nur die Araber, welche in Städten und Dörfern wohnen, haben Ställe für dieselben. Die herumziehenden Horden satteln ihre Pferde nie des Nachts ab, weil sie stets eines Ueberfalls gewärtig sein müssen. Deshalb werden sie auch am Zelt befestigt, aber nie mit dem Kopf, sondern nur mit den Beinen. Das Futter wird ihnen in Futtersäcken gereicht, das, neben den Gräsern und Wurzeln, die sie sich selbst suchen müssen, aus Gerste und zerhacktem Gerstenstroh besteht. Doch wenn der Mangel an dieser Nahrung groß ist, giebt man ihnen auch wohl Datteln, Hirsestroh, ja sogar Fleisch, Butter und Käse. Denn die arabischen Pferde fressen zur Zeit der Noth rohes und gekochtes Fleisch und verschmähen selbst Fische nicht. Bei dem oft eintretenden Mangel in der Wüste bekommen sie nicht selten sehr geringes und schlechtes Futter, sie sind aber sehr genügsam und können dennoch die größesten Strapazen ertragen und sind obendrein nur sehr wenig Krankheiten unterworfen. Auch im Trinken sind sie sehr mäßig, sie können, wenn es sein muß, einen, zwei, bis drei Tage dürsten und gleichen in der Mäßigkeit ganz ihren Besitzern.

Für eine sehr rühmliche That halten es die Araber, wenn Jemand einem Fremden oder einem aus einem anderen Stamme sein Pferd stiehlt.

Ein Beduine, Namens Dschabal, hatte eine sehr berühmte Stute, in deren Besitz Hassan Pascha, Gouverneur von Damaskus gern zu sein wünschte, und er machte deshalb dem Besitzer mehrere Male sehr bedeutende Gebote, die jedoch stets zurückgewiesen wurden, da das Pferd nicht feil sei. Nun fing er an zu drohen, aber mit eben so wenig Erfolg. Endlich kam ein Beduine aus einem anderen Stamme, Namens Dschafar, zu ihm und fragte, was er demjenigen geben würde, der ihn in den Besitz der Stute Dschabals setzte. „Einen Sack mit Gold!“ erwiederte Hassan, dessen Stolz und Habsucht durch den Widerstand des Besitzers auf das Höchste gesteigert war. Da indessen diese Verabredung Dschafar's mit dem Pascha bekannt geworden war, so war auch Dschabal mehr als je auf seiner Hut. Er band nunmehr jede Nacht seine Stute mit einer eisernen Kette an, wovon das eine Ende an einem der hintern Zeltpflöcke befestigt war, während das andere Ende durch das Zelt hindurch ging und sich um einen Pflock wand, der unter einem Felle, worauf der Araber nebst seinem Weibe ruhete, in die Erde geschlagen war. In einer dunklen Nacht schlich sich Dschafar in's Zelt, schmiegte sich zwischen Dschabal und seine Frau, drückte leise bald nach der einen Seite, bald nach der andern hin, bis die im tiefen Schlafe liegenden Eheleute unwillkürlich sich bald links und rechts entfernten, jedes in der Meinung, die Belästigung rühre vom andern her. Als dies geschehen war, durchschnitt Dschafar das Fell mit einem scharfen Messer, zog den Pflock heraus, machte die Stute los und schwang sich auf ihren Rücken. Ehe er aber fortritt, ergriff er die Lanze Dschabals, stieß ihn mit dem Schaft stark an und rief: „Ich bin Dschafar; ich habe dir deine Stute geraubt und zeige es dir bei Zeiten an!“ Solch' eine Ankündigung ist in der Wüste gebräuchlich; denn weil der Diebstahl in solchen Fällen ehren- und ruhmvoll ist, so sucht auch der, welcher ihn ausführt, den größesten Ruhm für seine Person zu erlangen. Der arme Dschabal, plötzlich aufgeweckt, stürzte aus dem Zelt und machte Lärm, schwang sich dann auf die Stute seines Bruders, und setzte, von einigen Männern seines Stammes begleitet, dem Diebe nach. Die Stute des Bruders war von derselben Race wie die Dschabal's, doch ohne ihr gleich zu kommen; indeß war sie nach einem Ritt von vier Stunden allen andern voraus, und sogar auf dem Punkte, den Dieb einzuholen, als Dschabal dem letzteren zurief: „Zwick sie in das rechte Ohr und gieb ihr den Fersen!“ Das waren die geheimen Mittel, die Dschabal anwandte, um seine Stute in volles Jagen zu versetzen. Jeder Beduine lehrt seinem Rosse ein gewisses Zeichen dieser Art, zu welchem er nur in sehr wichtigen Fällen seine Zuflucht nimmt, und woraus er sogar gegen seinen Sohn ein Geheimniß macht. Dschafar hatte kaum die ihm gegebene Weisung benutzt, so schoß auch die Stute blitzschnell davon und machte alle Verfolgungen unnütz. Die Gefährten Dschabal's waren ebenso erstaunt als unwillig über sein seltsames Benehmen. „Unsinniger,“ sagten sie, „du hast dem Räuber selbst geholfen, dir dein Juwel zu stehlen!“ Er aber brachte sie mit der Antwort zum Schweigen: „Sollte ich dulden, daß man unter den Stämmen sagte, eine andere Stute habe die meinige erreicht? Es bleibt mir wenigstens der Trost, behaupten zu können, daß sie nie ihres Gleichen gefunden hat.“

Einen anderen Ausgang nahm folgender Diebstahl. Im Stamme der Nadschni befand sich eine nicht minder berühmte Stute, als die Dschabal's, und alle Wünsche Daher's, eines reichen Arabers in einem benachbarten Stamme, vereinigten sich dahin, sie in seinen Besitz zu bekommen. Da er vergebens seine Kameele und all' sein Geld dafür geboten hatte, beschloß er, sich des Thieres durch List zu bemächtigen. Er färbte sich das Gesicht mit Kräutern, kleidete sich in Lumpen, und band sich den einen Fuß so, daß er das Ansehen eines verstümmelten Bettlers erhielt. Ganz unkenntlich gemacht, legte er sich an einem Ort auf den Boden, wo er wußte, daß Nabi, der Herr des Pferdes, vorüberkommen würde. Sobald er den Nabi erblickte, bat er ihn mit kläglicher Stimme um Hülfe, da er sich nicht vom Platze rühren könne und vor Hunger umkommen müsse. Nabi bot ihm an, hinten auf's Pferd zu steigen, er wolle ihn in sein Zelt führen und ihm zu essen geben. „Eure Barmherzigkeit sei gesegnet,“ antwortete der angebliche Bettler, „aber ich kann ohne eure Hülfe nicht auf das Pferd kommen.“ Der gute Nabi stieg ab und hob mit vieler Mühe den Hinkenden in den Sattel. Sobald Daher sich fest darin fühlte, stieß er dem Pferde die Fersen in die Seiten und sprengte fort unter dem Rufe: „Ich bin Daher, und deine Stute ist mein!“ Nabi rief ihm zu, anzuhalten, er habe ihm noch etwas zu sagen. Der Räuber, wohl wissend, daß für ihn nichts mehr zu fürchten sei, kehrte um und hielt an, jedoch außer dem Bereich der Lanze seines Gegners. „Du hast dich meiner Stute bemächtigt,“ sagte dieser. „Da es Gottes Wille ist, so wünsche ich dir Glück dazu, aber ich bitte dich, erzähle Niemand, wie du sie gewonnen hast.“ — „Und warum denn nicht?“ fragte Daher. „Weil es sonst kommen könnte, daß ein wirklich verstümmelter Bettler hülflos liegen bliebe. Wenn es bekannt würde, möchte vielleicht Niemand mehr eine Handlung der Barmherzigkeit üben, aus Furcht, betrogen zu werden, wie ich betrogen wurde.“ Betroffen durch diese Worte stieg Daher sogleich ab, umarmte Nabi und gab ihm seine Stute zurück.

Es ist übrigens eine zwar allgemein verbreitete, aber irrige Meinung, daß Arabien reich an Pferden sei. Die Pferdezucht ist nur auf die wenigen fruchtbaren Weidegründe beschränkt; die Beduinen, welche Gegenden von schlechterem Boden inne haben, halten nur selten Pferde. Die meisten findet man daher bei den Stämmen, welche die, im Vergleich mit Arabien, fruchtbaren Ebenen von Mesopotamien, die Ufer des Euphrat und das Flächenland Syriens bewohnen. Die Gesammtzahl aller Pferde in ganz Arabien, vom Euphrat und der syrischen Gränze bis zum rothen Meere und dem indischen Ocean, kann daher höchstens auf 50,000 geschätzt werden. —

Während man in Afrika nie Stuten zum Reiten gebraucht, reitet man in Arabien nie Hengste. Denn da die Araber stets im Kriege leben, so würde das Wiehern der Hengste, wenn sie im feindlichen Lager eine Stute wittern, die Absicht, einen Ueberfall zu machen, leicht vereiteln.

Nächst den arabischen Pferden sind die Pferde der Turkomanen sehr geschätzt. Turkestan, das eigentliche Heimathland der Nomaden, liegt nordöstlich vom Kaspischen Meere, aber seine Stämme sind weithin in Persien, Kleinasien und Syrien verbreitet. Die turkomanischen Pferde sind groß, gute Läufer und vorzüglich ausdauernd, obgleich nicht von sehr schöner Gestalt. — Zieht ein Turkomane auf einen Streifzug aus, so nimmt er mehrere hart gewordene Kugeln von Gerstenmehl mit sich, um für sich und sein Pferd Nahrung zu haben. Manchmal aber fühlt er, wenn er die lange, öde, wasserarme Wüste durchzieht, daß seine Kräfte ihn verlassen. Dann öffnet er seinem Pferde die Halsader und trinkt von seinem Blute, wodurch er aufgefrischt und, wie er glaubt, auch sein Pferd erleichtert wird. Die Ausdauer dieser Pferde gränzt in der That an's Unglaubliche, denn es ist nichts Seltenes, daß sie in 11 Tagen einen Weg von 900 englischen Meilen zurücklegten.

Die jetzigen Türken ziehen das turkomanische Pferd dem edlen arabischen, mit seinen schmächtigeren Formen, vor. Ihre Art, zu reiten, ist für das Pferd außerordentlich ermüdend, indem sie sehr gern und oft in vollem Rennen plötzlich anhalten. Es erfordert dieses Anhalten eine große Kraft, und deshalb bedienen sie sich sehr harter Zügel, die alle Empfindlichkeit des Maules vernichten. Gleich unseren Rittern des Mittelalters halten die Türken jetzt noch ihre Turniere. Ein Reisender, welcher Aegypten besuchte, erzählt uns davon Folgendes.

An einem sehr warmen Tage badeten sich die Araber im Nil, um sich zu erfrischen, und ich lag, unbeweglich und kaum im Stande, zu athmen, unter meinem Zelte. An beobachtenswerthen Gegenständen fehlte es nicht, aber die Hitze war zu heftig, die Sonne schien das Gehirn vertrocknen zu müssen, und der Sand brannte unter den Füßen. Während ich auf dem Ellbogen gestützt durch meine Zeltthür nach den Pyramiden von Luxor blickte, sah ich eine zahlreiche Schaar Türken, die einen zu Fuß, die anderen auf Dromedaren und Pferden den Fluß herabkommen. Sie rückten bis in die Mitte der sandigen Ebene vor, die den Tempel vom Strome trennt und hielten meinem Zelte fast gegenüber an, so daß ich ihre Bewegungen genau beobachten konnte. Die Sklaven breiteten die Matten aus, auf denen sich die vornehmsten Personen niedersetzten, und während diese ihren Kaffee einnahmen und dabei rauchten, rüsteten sich die anderen zu ihren Reiterübungen. Die verschiedenen Förmlichkeiten und Ceremonien, welche diesem Spiele vorangehen, boten mir das lebendige Bild der Zurüstungen zu einem Turniere dar. Die beiden Gegner waren zu Pferde und hielten in der rechten Hand eine lange Lanze, deren untere Enden auf dem Boden gegeneinander lehnten, und so gleichsam den Zapfen bildeten, um den sie ihre Wendungen ausführten. Sie drehten sich in der Runde, beobachteten sich gegenseitig und späheten die Gelegenheit aus, um zu stoßen. So jagten sie sich, machten allerlei Wendungen, aber stets ohne den Mittelpunkt loszulassen. Manchmal sah man sie die Lanze plötzlich erheben, diese kreuzen und zustoßen; ein Gemurmel: getroffen, gut getroffen! erhob sich dann in der Menge, und die Kämpfer trennten sich, um eine neue Runde zu beginnen. Das Spiel schien eine Zeit lang auf die Sklaven und die Leute vom Gefolge beschränkt. Der ohne Widerspruch gewandteste Kämpfer war ein junger Nubier, dessen Herr, ein Türke, auf den Matten saß, und an seinen Erfolgen besonderen Antheil zu nehmen schien.

Alles war jedoch nur ein Vorspiel und schien bloß den Zweck zu haben, den entschlummerten Eifer der Herren zu wecken. Lange

Zeit blieben diese ruhig sitzen und rauchten ihre Pfeifen; endlich erhob sich einer derselben, der Herr des Nubiers, und forderte einen seiner Gefährten zum Kampfe heraus. Er legte seine Pfeife auf den Boden, nahm die Lanze und erhob sie, in der Luft sie schwenkend, schien aber noch nicht recht im Zuge zu sein. Man führte ihm ein Pferd vor; und ohne seinen schweren Tuchmantel abzulegen, setzte er nachlässig den linken Fuß in den großen Steigbügel, streckte seinen rechten Fuß über dem Rücken des Pferdes aus, und ließ sich in den Sattel fallen. Aber die Berührung mit dem Sattel schien ihn plötzlich zu beleben; er ergriff die Lanze, die ihm nun der Diener reichte, ganz heftig, zog die Zügel seines Pferdes an, stieß ihm die Spitzen seiner massiven Steigbügel in die Seite, und flog im Galopp davon. Als er an das Ende seiner Laufbahn gelangt war, hielt er einen Augenblick an, drückte dann dem Thiere nochmals die Sporen in die Weichen, kam im vollen Jagen zurück und in dem Augenblick, wo er in den Kreis der auf der Matte sitzenden Türken hineinfahren zu müssen schien, gab er dem Pferde einen Stoß, daß es sich hinten niederbeugte, und hielt plötzlich an. Dies schien ihn etwas erhitzt zu haben; ein Sklave erschien, nahm ihm den Mantel ab, unter dem er eine rothe seidene Weste und seidene Beinkleider trug, und fort flog er wie das erste Mal. Diesmal hielt er sein Pferd mit ausnehmender Heftigkeit an; sein Turban hatte sich aufgerollt, er riß ihn voll Zorn ab und warf ihn zur Erde, dann stellte er sein Spiel ein, stieß heftig die Lanze seines Gegners an und der Streit begann alsbald. Dieser Türke, der kurz vorher noch so gleichgültig schien, entwickelte nun ein Feuer, eine Thätigkeit und eine Kraft, die in einer Schlacht furchtbar gewesen wäre. Trotz der stechenden Sonne und des glühenden Sandes drehten sich Roß und Reiter mit unglaublicher Schnelligkeit und führten in einem ganz kleinen Kreise die schwierigsten Wendungen aus, bis ein Gemurmel des Beifalls sich unter den Zuschauern hören ließ. Das Turnier war beendigt, und der Türke, vorher noch so aufgeregt, setzte sich unter seinen Gefährten nieder und verfiel in seinen vorigen Zustand ruhiger Gleichgültigkeit. —

Europa ist derjenige Theil der Erde, wo die Geschenke anderer Länder die größeste Ausbreitung und Vervollkommnung erreichten. So auch das Pferd. Es würde uns zu weit führen, die Geschichte der Pferdezucht jedes einzelnen Landes, das sich um dieselbe besonders verdient gemacht hat, bis in ihre Einzelnheiten vorzuführen.

In England haben die Pferde seit vielen Jahrhunderten eine

wichtige Rolle in der Entwickelung seines Volkes gespielt. Bereits im Alterthume, wie auch noch jetzt, waren die englischen Pferde berühmt. Als die Römer, 50 Jahre v. Chr. unter Julius Cäsar in Britannien landeten, hatten die Britten zahlreiche Kriegswagen, welche von Pferden gezogen wurden, die der Eroberer für so vorzüglich hielt, daß er viele derselben nach Rom führte, und diese britischen Pferde wurden lange nachher in mehreren Theilen des römischen Reiches geschätzt. Die Römer selbst brachten mit ihrer Reiterei viele fremde Pferde auf die Insel, und der einheimische Stamm wurde durch die Kreuzung mit gallischen, spanischen und italienischen Pferden verändert.

Um's Jahr 631 n. Chr. fingen sie an, ihre Pferde zu satteln, denn früher wurden sie ohne Sattel geritten, und in der Mitte des 11ten Jahrhunderts benutzte man sie schon zu den Feldarbeiten, als Pflügen und Eggen. Wie sehr man sich bestrebte, die Pferde durch die Zucht zu veredeln, kann man daraus sehen, daß die englischen Vollblutpferde mit ihren gestutzten hochgerichteten Schwänzen unter den jetzigen Pferden einen hohen Rang einnehmen und zu bedeutenden Preisen verkauft werden.

Die Pferde der alten Gallier waren zu Cäsar's Zeiten von nicht ausgezeichnetem Schlage, jedoch wegen ihres Nutzens von den Galliern selbst hoch geschätzt und wurden um hohen Preis erst von dem Auslande erworben. Wie alle Pferde im Alterthume, so waren auch die gallischen unbeschlagen. Das erste Pferd in Frankreich, von welchem man weiß, daß es beschlagen wurde, war das des Königs Childerich (481 n. Chr.). Lange aber waren die Eisen nicht aufgenagelt, sondern nur mit Bändern befestigt. Eine wesentliche Verbesserung dieses Pferdeschlages trat ein, nachdem Karl Martel die Mauren bei Tours besiegt hatte; denn viele schöne arabische Pferde mußten von den Besiegten zurückgelassen werden und diese benutzten die Gallier zur Veredlung. Von diesen Pferden stammen die jetzt noch wegen ihres guten Baues für die Cavallerie geschätzten limousinischen Pferde. Dennoch ist die Pferdezucht in Frankreich nicht von dem Umfange, daß sie die für alle Bedürfnisse erforderlichen Pferde liefert und es müssen jährlich noch an 24,000 ausländische zu einem Preise von 8 Millionen Franks eingeführt werden.

Die nordischen Pferde sind eher klein als groß, vertragen aber sehr gut bedeutende Strapazen und sind mit dem schlechtesten Futter zufrieden. Dazu gehören die russischen, tatarischen, polnischen und finnischen Pferde. Durch Vermischung mit asiatischen Pferden sind sie in einzelnen Provinzen veredelt worden. — Auch einige Gegenden Deutschlands zeichnen sich in der Pferdezucht aus, wie Meklenburg, Holstein und Preußen; da überhaupt die meisten Regierungen die Pferdezucht mit besonderer Vorliebe befördern. In Oesterreich, Ungarn und Böhmen sind ausgezeichnete Gestüte, die theils durch arabisches, theils durch englisches Blut veredelt worden sind. Die Racen sind aber sehr vermischt und ihre Eigenthümlichkeiten verschwinden immer mehr. Doch ist das hölsteinische Pferd immer noch beliebt wegen seiner Größe und Tauglichkeit zu einem Chaisenpferde, während die eben so tüchtigen Altmeklenburger Pferde jetzt nach und nach verschwinden und den edleren Platz machen. In Würtemberg ist die Pferdezucht schon seit vielen Jahrhunderten berühmt und Cellius besingt sie im Newen Jahr 1603 in folgenden Versen:

Es hat auch dieses Landt vil Pferdt,
Werden verkauft in großem Werth,
Vil hundert Füllen falle darin,
Zu führen, zu reitten gut und gschwin.
Ein jeder Baur will Stutten han,
Daß er hab zwifach-Nutzen daran,
Zur Arbeit dieselb brauchen könn,
Die Füllen seind lautter Gewinn.

Das Pferd ist seit vielen Jahrhunderten völlig Hausthier geworden. Man will zwar in den großen Wüstenebenen am Aral-See und in den Kirgisensteppen von ganz wilden, nomadisch umherziehenden Pferden wissen, aber wer mag entscheiden, ob die unbändigen langhaarigen Rosse nicht verwilderte sind? Wohl aber giebt es halbwilde Pferde-Heerden in den Steppen nördlich vom schwarzen Meere, und diese Tabunen-Pferde stehen der Natur unendlich viel näher als unsere Hauspferde, deren Leben geregelt wie ein Uhrwerk Tag für Tag gleich abrollt.

Die großen Gutsbesitzer in den russischen Steppenländern haben so viel Ländereien, daß sie wegen Mangel an Leuten nur den kleinsten Theil davon bearbeiten können. Sie hielten daher seit den ältesten Zeiten und halten fort und fort neben ihren Schaf- und Kuhheerden auch ebenso große weit umherschweifende Heerden leichtfüßiger Pferde, die sie überall auf die entferntesten und schlechtesten Weiden schicken können, und so aus dem fast nutzlosen Boden doch einigen Gewinn ziehen. Die Größe einer Pferdeheerde (des Tabuns) beträgt nach der Größe des Gutes 100, 200, 800, 1000 Pferde und zuweilen noch mehr. Der Führer dieser feurigen, flüchtigen Heerde heißt Tabuntschik. Dieser Mann muß daran gewöhnt sein, das schrecklichste

Wetter, sei es Regen, Sturm oder Schnee, zu ertragen, und muß allen Beschwerden und Entbehrungen zu trotzen wissen. Seine Kleidung besteht in der Regel aus Hosen von behaartem Füllen- oder Kalbleder; ferner aus einer Jacke von demselben Stoffe mit einwärts gekehrten Haaren. Beides hält ein lederner Riemen zusammen, den er drei bis vier Mal um den Leib windet, und auf den er sich gewöhnlich allerlei kleine Raritäten, Metallstückchen, Münzen, Bernstein oder andere glänzende Sachen angereiht hat. Die übrigen Glieder sind ebenfalls mit Thierhäuten bedeckt. — Da die Tabuntschiks zugleich die Aerzte ihres Tabuns, und als solche im Besitze von einem Dutzend altherkömmlicher Mittel sind, so hängt ihnen auch gewöhnlich ihr ganzer chirurgischer und medizinischer Apparat im Gürtel, was ihnen das Aussehen von Schamanen oder Zauberern giebt. Ihren Kopf stecken sie wie alle Kleinrussen und Tartaren unter die hohe Cylindermütze von schwarzen Lämmerfellen. Ueber dies Alles werfen sie noch die bei allen Hirten gebräuchliche „Swita," einen aus brauner Schafwolle gewebten Mantel. An diese Swita ist oben eine weite Kaputze genäht, die über Mütze, Kopf und Gesicht gezogen wird, und in der blos für Augen, Nase und Mund eine Oeffnung bleibt. Bei gutem Wetter hängt sie auf dem Rücken wie ein Sack herunter und wird dann nicht selten als Tasche benutzt. Auch klirrt sonst noch Manches an ihm herum; vor Allem sein großer Harabnik oder seine drei Klafter lange Peitsche mit kurzem dickem Stiele. Sie ist gewöhnlich aus äußerst feinen Lederstreifen sehr künstlich geflochten und dient dem Tabuntschik als weitreichendes Scepter, das sich selten von seiner Hand trennt. Er läßt sie seinen Rossen tapfer um die Ohren sausen, wenn ein Kampf unter ihnen ausbricht, oder wenn etwa ein Hengst gegen seine Herrschaft rebellirt und abtrünnig ein besonderes Reich stiften will. Ein zweites wichtiges Instrument ist die Schlinge. Diese ist ein 15 bis 20 Ellen langer Strick, an dessen einem Ende ein eiserner Ring zum Durchziehen des anderen Endes befestigt ist. Für gewöhnlich hängt diese Schlinge, in vielen Reifen zusammengewickelt am Sattel seines Pferdes, dessen Rücken er selten verläßt. Soll sie aber zum Einfangen der Pferde gebraucht werden, so verfährt der Tabuntschik also: Er wickelt das eine Ende des Strickes um den Arm, jedoch ohne es weiter zu befestigen, damit er es nach Belieben nachschießen oder auch ganz fahren lassen kann, macht alsdann die Schlinge vorn recht weit, schwingt sie, zu dem Pferde, das er sich auserwählt hat, heransprengend, ein Paar Mal um's Haupt, schleudert sie, nie fehlend, demselben um den

Hals, zieht sie ein wenig an, und wirft nun mit einem kräftigen Rucke den Gefangenen zu Boden. Sein drittes, ebenso wichtiges Werkzeug, das er zum Vertheidigen seiner Heerde anwendet, ist die Wolfskeule. Diese ist 3 bis 4 Fuß lang, vorn mit einem dicken eisernen Knopfe versehen und hängt gewöhnlich am Sattel. Er sprengt mit dieser Keule seinen Pferden zu Hülfe, wenn sie nicht allein mit den Wölfen fertig werden können. Je nach Umständen schlägt er damit oder schleudert sie aus der Ferne, und weiß ihren eisernen Knopf den hungrigen Wölfen so geschickt an den Kopf zu schleudern, daß ihnen die Kampfeslust mit seinen Pferden für immer vergeht.

In den Steppen giebt es aber oft weit und breit keine Quellen, deshalb muß er beständig sein Wasserfäßchen mit sich herumschleppen; daneben hängt sein Brotsack, und außer seinem Branntweinfläschchen hat er noch manche andere Kleinigkeiten an sich herumhängen, denn sein Pferd ist ja seine Waffen-, Schlaf- und Vorrathskammer, und er ist genöthigt, seine Lebensbedürfnisse in sausendem Galopp stets mit sich zu führen. Seine Geschicklichkeit in seinem Fache hat er aber zu großer Vollkommenheit ausgebildet, denn er weiß die tausend unbändigen Rosse seines Tabuns mit Hülfe seines Harabnik vollständig zu leiten und zusammenzuhalten, ihre Streitigkeiten zu schlichten, sie Tag und Nacht in Sturm und Unwetter zu regieren und vor den Wölfen zu schützen.

Am meisten machen ihm die Hengste zu schaffen, die immer ihr eigenes Regiment über die anderen Pferde ausüben wollen und mit denen er beständig in Haber lebt. Diese eigensinnigen Thiere, von denen einige zwanzig Jahre lang im Tabun und in der Wildniß lebten, ohne nur ein Mal dumpfige Stallluft zu riechen, machen dem Tabuntschik oft das Leben so sauer, daß er sein ganzes Handwerk verwünscht; er tritt vor seinen Herrn und erklärt, er wolle mit jenem störrigen Hengst nicht länger dienen, und entweder müsse der Hengst aus dem Tabun abdanken, oder er würde selbst seinen Abschied nehmen. In solchen Fällen wird dann der ruhestörende Hengst verkauft, oder er muß eine Zeit lang in das Gefängniß, den Stall, wandern, um seinen Uebermuth und Ungehorsam abzubüßen.

Aber diese Unbändigkeit währet nur den Sommer hindurch, oder vielmehr vom April bis zum October. Der Winter ist für die armen Thiere eine schlimme Jahreszeit, voll von Leiden, Hunger, Kälte, Krankheit und Tod. Die Stallung für diese Zeit besteht aus weiter nichts als aus einem mit Graben und Erdwall umzogenen Raum, den barmherzige Herren noch mit einem schützenden Wetterdach gegen

Norden versehen. Es ist ein Jammer, die edlen Thiere in dieser Verzäunung bei hartem Unwetter zu sehen. Die Hengste und Starken drängen sich unter den Schuppen und die Schüchternen und Schwachen stehen in kleinen Trupps am Wall herum und stecken die traurig gesenkten Köpfe zusammen, um sich an einander zu erwärmen.

Doch ihr größter Feind während des Winters ist der Hunger. Im Anfang desselben, wo draußen unter dem Schnee noch einiges Herbstgras grünt, und wo ihnen der Tabuntschik auch dann und wann noch einige Heu- und Strohhaufen im Stalle zurecht legen kann, an denen sie über Nacht naschen können, geht es allenfalls noch erträglich bis zum Januar. Dann aber wird der Mangel fühlbarer. Die Gutsherrschaft hat gedacht: Gott wird helfen! man schlägt sich schon durch! — und hat sich daher nur sehr schlecht mit Heu und Stroh versehen. Die Witterung ist so schlecht, daß die Pferde nicht mehr hinauskönnen, um unter dem Schnee einige dürre Halme hervorzuscharren, und so schmelzen die unzulänglichen Vorräthe rasch zusammen. Der Rest wird für die Kutschpferde in Beschlag genommen und die armen Thiere des Tabun müssen Brennstroh und Schilf speisen. Sehr bald wird ihnen auch dieses entzogen, weil alle Köche und Ofenheizer dagegen protestiren und in der Verzweiflung greift man endlich zum Schilfe der Dächer. In manchen Jahren ist der Futtermangel so groß, daß kein Dachstrohhalm unverfüttert bleibt.

Wie sehr die Thiere bei solchen Jammertagen herunterkommen, läßt sich kaum schildern. Die unbändigsten Rosse, die im Sommer scheuer als die Wölfe keinen Menschen auf 100 Schritte weit heranließen, ohne einen Lärm und eine Flucht zu beginnen, als hätte eine Bombe in ihre Mitte eingeschlagen, kann man jetzt am Schwanze festhalten, wenn sie überhaupt noch einen Schwanz haben. Denn oft fressen sie sich, durch den heftigsten Hunger getrieben, Schwanz und Mähne bis auf den letzten Stumpf ab. Wenn auch die Haare sie nicht sättigen können, so geben sie doch ihren unruhigen Zähnen zu beißen. So ein armseliges Tabunenpferd ohne Mähne, ohne Fleisch und fast gänzlich ohne Muth mit lahmem Schritt und trüben Augen, wie es im März aus seinem Stalle hervorschleicht, bildet alsdann eine sehr traurige Erscheinung. — Doch die Noth hat ein Ende; auf den trüben Winter folgt der liebliche Frühling. Die zarten saftgrünen Spitzen des aufsprießenden Grases geben den fast zu Tode gehungerten Pferden wieder Kraft. Sie erholen sich schnell und schlagen bald mit rascherem Hufe den Rasen. Ihre matten und trüben Augen klären sich auf, die Nahrung wird immer reichlicher und die Zeit des Uebermuthes und Streites beginnt von Neuem. Alles ist Aufruhr, Muth und Lust auf der ganzen Steppe, und das Jauchzen nimmt kein Ende von der Gränze des Türkenreiches bis in die Mongolei hinein.

Die Streitigkeiten und die muthige Kampfeslust erreichen aber ihren höchsten Grad, wenn fremde Tabunen sich einander begegnen. Freilich weichen die Hirten in der Regel schon von Weitem einander aus, wenn sie sich sehen. Aber zuweilen sind sie nicht gleich bei der Hand, oder sie gehen auch wohl ebenso bös wie ihre Pferde auf einander los, wenn jede Partei meint, sie habe allein das Recht, dort zu weiden und die andere müsse von der Steppe weichen. In solchen Fällen streitigen Rechts machen die Tabunen mit einander Bekanntschaft, die aber bald zum heftigsten Streite führt. Das junge Volk und die Mütter stehen von Weitem, sorglos weidend; aber die Starken gerathen gegen einander und führen einen Kampf, wüthend und ausdauernd. Sie schütteln mit Heftigkeit die gesträubten Mähnen und ihre hörnernen Hufe klatschen weithin schallend gegen einander. Dabei geben sie pfeifende, gellende und brüllende Töne von sich, die wir bei zahmen Pferden gar nicht kennen, und die man eher mit dem Heulen wilder Thiere als mit dem Pferdegewieher vergleichen könnte. Auch bedienen sie sich in diesem Kampfe ebenso häufig ihres Gebisses als ihrer Hinterhufe, bis endlich der eine Theil sich zu schwach fühlt, länger den Kampf auszuhalten und sich deshalb zurückzieht. Zuweilen entführt auch der siegende Theil dem Besiegten einen Theil seiner Stuten, deren Auswechslung dann wieder die Hirten an einander bringt.

Die Kämpfe mit den Wölfen sind nicht weniger interessant. — Auch die Wölfe haben nach dem Winter voller Entbehrungen und oft ausgestandenem Hunger im April und Mai den meisten Appetit und namentlich eine unwiderstehliche Lüsternheit nach den jungen Füllen, die ihnen ein zarterer Braten als Schafe und Kälber sind. — Sie müssen natürlich als die schwächere Partei auf Ueberlistung und Schleichwege denken, die Pferde aber bauen als die Angegriffenen und beständig Umschlichenen auf ihre Gemeinschaft und gegenseitige Hülfeleistung. Es hat sich daher bei den Wölfen eine große Schlauheit und Gewandtheit, bei den Pferden ein großer und edler Gemeinsinn entwickelt, der sie und ihre Kinder meist rettet, aber den Wölfen die Lüsternheit für immer vertreibt, denn sie werden von den Pferden dem platten Rasen gleich getreten. Dies weiß der Wolf auch sehr wohl und deshalb sucht er nur immer einzeln seitwärts weidende anzufallen oder wenigstens ihnen ihr Füllen zu rauben. — Bei ihrer Vertheidigung begnügen sich die Pferde nicht damit, daß sie sich nicht blos, wie es meistens dargestellt wird, an einander drängend mit dem Hinterhufe gegen den wüthenden Angriff des Wolfes vertheidigen, sondern daß sie wüthend und stampfend vorwärtsstürmen, den Wolf mit den Vorderhufen und den Zähnen ergreifen und nicht eher ruhen, als bis sie ihren Feind vernichtet haben oder bis derselbe ihnen aus den Augen entschwunden ist. — Der Tabuntschik leistet seinen Pferden den hülfreichsten Beistand. Denn sobald der ihm bekannte Lärm entsteht, so hat er sich schnell, wenn er auch schlief, die Augen gerieben. Er fährt in den Sattel, und ist wie ein Blitz mitten unter dem Getümmel. Der Wolf eilt mit der erhaschten Beute wie der Wind davon, aber der Tabuntschik eilt mit seiner Keule wie ein Sturm hinter ihm her. „Hundsfott von Wolf, lauf, wenn du willst, davon, aber dein dickes Wolfsfell laß auf dem Platze! Denn es ist mein, wie die zehn Rubel, die mir jeder dafür zahlt! — Hui, Paff! Jetzt kennst du meinen Eisenknopf?" — Der Wolf liegt in diesem Falle allemal darniedergestreckt. Denn der Tabuntschik verfehlt sein Ziel nie, auch läßt ihn sein Renner nie im Stich, gegen den selbst die besten englischen Renner nicht aufkommen. Er zieht sogleich den Wolf ab und hängt das Fell auf sein Pferd zu den andern, die schon früher den Wahlplatz nicht verlassen konnten.

In Asien besitzen außer den Arabern auch die Chinesen das Pferd, wenn auch nur in geringerer Zahl; und schon 120 Jahre vor Christo gelangte es mit anderen Hausthieren und Kulturpflanzen durch Karawanen dorthin. — In Afrika findet es sich am Cap und im nördlichen Theile, und namentlich könnte Algier wegen seiner günstigen Lage hinsichtlich seiner Pferdezucht für Frankreich sehr Vortheil bringend sein. — Nach Amerika kamen die ersten Pferde 1493 durch Kolumbus. Sie erweckten bei ihrem Erscheinen unter den Eingebornen ein gemischtes Gefühl von Bewunderung und Schrecken. Sie glaubten zuerst, Reiter und Pferde seien ein lebendiges Wesen, und Nichts glich ihrer Bewunderung, als sie sahen, wie die Reiter abstiegen. Aber bald befreundeten sich die Amerikaner mit diesen neuen Thieren und wurden Reitervölker, wodurch ihre ganze Lebensart und Kriegführung verändert worden ist. Sie jagen jetzt zu Pferde, sie ziehen zu Pferde von einem Flußgebiet zum andern, zu Pferde legen sie ungeheure Märsche zurück, um die Bewohner der angebauten Strecken zu überfallen, und so sind die Pferde in Amerika zum Theil die Ursache, daß Strecken, die größer als Deutschland sind, unbewohnt bleiben, daß die Ureinwohner weniger empfänglich für europäische Kultur wurden, ja daß sogar Abkömmlinge der Europäer, z. B. die Gauchos, der Civilisation entfremdet wurden.

Ebenso haben die Patagonier, seit sie mit dem Pferde und mit den Waffen ihrer nördlichen Nachbarn versehen sind, das Hirtenleben aufgegeben und das Jägerleben ergriffen, das leicht in ein Räuberleben ausartet. So war also der Erwerb des Pferdes für dieses Volk eigentlich ein Verlust.

Auch in den Steppen von Nordamerika giebt es eine unzählige Menge verwilderter Pferde; bei den Osagen sind diese Thiere ein Hauptgegenstand der Jagd. Die wilden Rosse auf den ausgedehnten Prairien im Westen des Mississippi stammen von Pferden, die aus den spanischen Besitzungen in Mexico entflohen sind. Das zahme Pferd ist für die nomadischen Indianerstämme von unschätzbarem Werth; es ist ihnen nicht nur bei Abführung ihrer Zelte und Familien von Nutzen, sondern auch zu der Büffeljagd, die ihre liebste Beschäftigung ausmacht, unentbehrlich. Im Jahre 1535 kamen andalusische Pferde nach Buenos Ayres, welche aber bald den Wäldern überlassen wurden, weil die Einwohner nach Paraguay auswanderten. Von diesen zurückgelassenen Thieren stammen die wilden wie die zahmen Pferde, die gegenwärtig in den La Plata-Provinzen sind. Sie haben aber den schönen Wuchs und die Stärke der andalusischen Race verloren.

Die wilden Pferde leben in Heerden von vielen Tausenden frei auf den Ebenen und fallen nicht selten zahme Pferde an oder entführen sie. In dürren Jahren, wo besonders südlich von Buenos Ayres das Wasser äußerst selten ist, laufen sie wie toll umher, um einen Sumpf oder See zu suchen. Die ersten, welche sich sodann hineinstürzen, werden von den nachfolgenden zertreten und zerstampft. Die Farbe der verwilderten Rosse ist kastanienbraun oder rothbraun; die der zahmen, wie überall, sehr mannigfaltig. Die Leichtigkeit, solche wilde Pferde zu fangen, macht, daß der ärmste Mann sich ein Pferd halten kann und daß selbst Bettler vom Pferde herab um ein Almosen bitten. Da die ganze weite Ebene von Rio de la Plata auf 200 Meilen weit rings umher ganz mit wilden umherirrenden Pferden bedeckt ist, so kann nämlich Jeder davon nehmen, so viel er will. In wenig Tagen bringen etliche Reiter viel Tausend nach Hause. Im Jahre 1697 kaufte P. Sepp für einen Thaler 20 Pferde, für ein Hufeisen 6, für eine Pfeife 3 und für zwei Nähnadeln 1

Pferd. Noch um's Jahr 1800 kostete ein bereits zugerittenes Pferd nur 2 Thaler. Natürlich sind diese Pferde weder schön noch stark; doch zeichnen sich einige Meiereien durch bessere Pferde aus, deren Besitzthum sich zuweilen auf 50,000 Stück beläuft.

Nach Australien gelangten Pferde zu verschiedenen Zeiten mit europäischen Schiffen, und wurden bald hier, bald da auf dem Festlande oder auf den Inseln abgesetzt. Die jetzigen australischen Pferde sind eine Mischung von echt englischen Pferden mit indischen und denen vom Cap. Sie sind, was Schönheit, Haltung, Geschwindigkeit und sicheren Tritt anbetrifft, ausgezeichnete Thiere und dürften mit der Zeit ein wichtiger Handelsartikel werden. Schon 1829 wurden 10 Stück nach Kalkutta verkauft.

Das Pferd ist unter allen Hausthieren das schönste, gleich sehr ausgezeichnet durch den stolzen Gang, den feinen Bau, die bewunderungswürdige Geschwindigkeit der Glieder, durch die Leichtigkeit in seiner Bewegung, durch die prächtige Mähne, den stattlichen Schweif, das kluge Auge. An Gelehrigkeit und Klugheit wetteifert es mit dem Elephanten und dem Hunde, aber beide übertrifft es an ritterlichem Muthe und erstaunenswürdiger Tapferkeit. — Es ist beinahe schneller als der Wind, denn man hat ein Beispiel, daß ein englisches Pferd bei einem Wettrennen in einer Sekunde 88 englische Fuß weit gelaufen ist, dahingegen ein gewöhnlicher Wind nur 66 Fuß in eben derselben Zeit zurücklegt. Aber es ist auch mit bedeutender Stärke begabt und der Mensch verwendet es zum Ziehen des Wagens, des Pflugs, der Egge, oder zum Tragen und Reiten. — Mit der Stärke vereint es Herzhaftigkeit und kriegerischen Muth. Es ist das einzige Thier auf dem ganzen Erdboden, das mitten im Getümmel der Schlacht weder flieht noch in wilde Wuth geräth. Es ist unerschrocken im Feuer und Pulverdampf und heldenmüthig bei Verwundungen. Kein Angstgeschrei, kein Klageton entfährt ihm. Es wiehert nur vor Wollust und Freude, oder in der Hitze des Streites.

Das Dasein des Pferdes ist mit der menschlichen Bildung auf das Innigste verknüpft. Die Menschheit wäre ohne das Pferd nicht so weit gelangt in ihrer Bildung, wie sie jetzt ist; war ja doch noch vor wenigen Jahren das Pferd der Vermittler der fernsten Städte und Länder, wenn nicht das weite Meer sie etwa trennte. Aber auf kein anderes Thier hat auch die Bildung und Erziehung des Menschen so eingewirkt, wie auf das Pferd, und man kann wohl sagen, daß der Mensch erst dem Pferde seine Schönheit gegeben hat durch anhaltende Pflege und Zucht.

Soll das Pferd gedeihen, so muß es mit aller Sorgfalt abgewartet werden. Vor allem liebt es die Reinlichkeit, und es muß daher täglich gestriegelt und gebürstet werden. Auch legt man ihm im Stalle eine wollene Decke gegen den Staub auf, sowie gegen das Erkälten, wenn es einen erhitzenden Ritt gemacht hat. Es wird sonst sehr leicht „dämpfig" und kann keine Strapazen mehr aushalten. Es ist überhaupt viel empfindlicher und leichter den Krankheiten unterworfen als die anderen Hausthiere. Eine sehr gewöhnliche Krankheit ist z. B. der Kropf; aber die gefährlichste und ansteckendste ist der Rotz, und schon Mancher hat seine Pferde, die von dieser Krankheit befallen wurden, müssen tödten und das Geschirr vergraben lassen. Daher ist bei Einstellung in einen fremden Stall die größeste Vorsicht nöthig, zumal das Pferd stets einen reinlichen Stall und reinliche Krippen, sowie frisches reines Wasser zum Getränk liebt. — Es ist natürlich, daß die Sorgfalt in der Behandlung des Pferdes seinem Nutzen entspricht. Die verschiedenen Stadien seiner Krankheiten macht daher der Thierarzt zu seinem besonderen Studium. Durch unrichtiges Beschlagen des Pferdes oder durch unvorsichtiges Verschneiden (Auswerfen) des hornartigen, nicht gespaltenen Hufes entstehen auch viele Krankheiten; daher muß jeder Thierarzt mit der Beschaffenheit und Behandlung des Hufes genau bekannt sein.

Von großer Wichtigkeit ist es, das Alter des Pferdes annähernd zu schätzen. Die alten Pferde haben gewöhnlich tiefe Höhlen über den Augenlidern. Ein sichereres Merkmal sind jedoch die Zähne, deren das Pferd 40 hat, nämlich $\frac{6}{6}$ Schneidezähne, $\frac{1.1}{1.1}$ Hundszähne und $\frac{6.6}{6.6}$ Backenzähne; von diesen sind es besonders die Eckzähne, denn je mehr diese abgenutzt sind, ein desto höheres Alter hat das Pferd erreicht. — Im Durchschnitt beträgt das Alter des Pferdes 25 bis 30 Jahre.

Eine Stute bringt nur ein Junges, das man Füllen oder Fohlen nennt, selten zwei, zur Welt. Ihre Tragezeit dauert einige Tage über 11 Monate.

Sein Wachsthum hat das junge Fohlen mit dem zweiten Jahre vollendet; von da ab wird es zu den Arbeitsleistungen regelmäßig verwendet, obwohl man ihm nicht zu bedeutende Lasten aufbürdet, damit es ungehindert Festigkeit in seinen Formen erlangen kann. — Soll das männliche Fohlen nicht zur Zucht, sondern ausschließlich zur Arbeit aufgezogen werden, so wird es nach einem Jahre verschnitten und heißt Wallach.

Die Nahrung des Pferdes besteht, wenn es nicht auf die Weide geführt wird, in Körnern, Heu und Stroh, das aber auf der Futterlade erst geschnitten wird, und dann die Namen Häcksel oder Häckerling führt. Körner (entweder Roggen oder Hafer) und Häcksel werden gehörig gemischt, mit Wasser reichlich befeuchtet und dem Pferde in Krippen vorgesetzt, wie wir es nicht selten vor den Gasthöfen wahrnehmen können.

Den größesten Nutzen gewährt das Pferd, wie genügend dargethan, in seinem Leben. Aber auch nach seinem Tode wird noch Manches von ihm nutzbar verwendet. Das Fleisch wird, natürlich von geschlachteten, Pferden gegessen und es sind seit einer Reihe von Jahren besondere Pferdeschlächtereien eingerichtet. — Seine Haut wird benutzt zu verschiedenen Lederarbeiten, und von besonderer Festigkeit sind die aus ihr gefertigten Stiefeln. Seine Haare dienen zum Polstern, und werden dazu sehr geschätzt, da sie eine nicht unbedeutende Elasticität zeigen. Die, welche im Schweife sitzen, werden zu den Violinbögen verbraucht oder zieren den Helm des tapferen Kriegers, und die der Mähne werden zu Bürsten oder von dem Seiler zu Haarseilen verwendet. Die Knochen werden entweder vom Drechsler verarbeitet, oder es wird aus ihnen, wie aus den Sehnen der Tischlerleim gekocht.

VIII. Der Esel.

Die Aehnlichkeit zwischen einzelnen Naturwesen ist öfters so groß, daß man glauben möchte, sie gehörten ein und derselben Art an und nur der Einfluß des Klimas, der Lebensweise und der Nahrung hätten einige Abweichungen hervorgebracht. Eine solche Aehnlichkeit besteht zwischen dem Pferde und dem Esel. Der äußere und innere Bau, die Hufe, die Beine, der Kopf, die Bildung des Gehirns, der Leber, der übrigen Eingeweide und der Knochenbau sind ganz übereinstimmend, nur daß sie beim Pferde stärker und größer sind. Diesen Größen-Unterschied könnte man einer Ausartung zuschreiben und zu der Ansicht kommen, der Esel sei ein ausgeartetes Pferd. Aber der Esel ist und bleibt ein Esel, er ist kein Pferd mit nacktem Schwanze und langen Ohren, er hat seine Art und seinen Rang, seine Abkunft ist nicht dieselbe, welche das Pferd hat, aber sie ist ebenso alt wie die des Pferdes. Dennoch erfährt dieses so gute, so geduldige, so mäßige, so nützliche Thier so viel Verachtung von dem Menschen. Das Pferd wird sorgfältiger erzogen, gepflegt, unterrichtet und geübt, aber der Esel ist der Plumpheit des gemeinsten Knechtes, oder der peinlichsten Neckerei der Kinder Preis gegeben, und durch die Behandlung, welche man ihm zu Theil werden läßt, verliert er noch mehr in seiner ganzen Haltung. Und besäße er nicht einen großen Vorrath von guten Eigenschaften, er würde durch die Art der Behandlung ihrer sehr bald gänzlich baar und ledig werden. Er ist das Spielwerk, das Stichblatt, die Zielscheibe des Spottes der Menschen, selbst der rohesten, die ihn, den Stock in der Hand, führen, die ihn schlagen, überladen, abarbeiten, ohne Vorsicht und ohne Schonung. Wer denkt hierbei nicht an die Erzählung von dem Bauern, der seinen drei Söhnen als einziges Erbe einen Esel, der ihm seine ganze Lebenszeit treu und redlich gedienet hat, und ihm sein Brot erwerben half, hinterließ. Wie diese ihn Jeder einen Tag benutzten, ihn quälten und plagten, ihn schlugen und dabei hungern ließen, indem sie sich den Trost gaben, daß ihn der Andere am andern Tage füttern könnte; wie aber der Esel Arbeit vollauf hatte und kein Futter bekam, bis er endlich aus Ermattung und Hunger niederstürzte und die Brüder nun sich in die Haut theilen konnten.

Die große Aehnlichkeit mit dem Pferde thut ihm viel Schaden, denn man vergleicht ihn immer mit demselben und da er nun freilich einen solchen Vergleich nicht aushalten kann, so taugt er nichts und darum ist sein Loos ein so trübseliges. Seine Eigenschaften sind denen des Pferdes gerade entgegengesetzt. Er ist demüthig, geduldig, ruhig; das Pferd stolz, feurig, ungestüm. Die ihm in hohem Maaße und in öfteren Wiederholungen zugetheilten Züchtigungen und Schläge erträgt er mit Standhaftigkeit und mit Ergebenheit in sein leidenvolles Schicksal. Er ist sehr mäßig, sowohl in der Menge als in der Güte seiner Nahrung. Er begnügt sich mit den härtesten und saftlosesten Gräsern, die das Pferd und die anderen Thiere verschmähen und ihm überlassen. Er begnügt sich sogar mit noch geringerer Kost, wenn ihm dieses fehlt; Dornen und Disteln sind ihm immer noch ein Leckerbissen. Aber in dem Getränk ist er sehr wählerisch. Er will nur vom klarsten Wasser und aus Bächen, die ihm bekannt sind, trinken. Im Genuß desselben ist er ebenfalls sehr mäßig und dabei fast penibel, denn er berührt nur so eben das Wasser, um es mit der Zunge einschlürfen zu können, und zwar thue er es darum, wie man scherzweise sagt, weil er sich vor dem Schatten seiner langen Ohren fürchte.

Was seine Pflege anbelangt, so ist dieselbe gleich seiner Behandlung. Er wird selten gereinigt, und nicht wie das Pferd gestriegelt. Der ihn belastende Staub und Schmutz verursacht ihm Jucken und deshalb wälzt er sich oft auf dem Rasen, in den Disteln, auf dem Farrenkraut ꝛc. ꝛc.; und ohne sich viel um sein Gepäck zu kümmern, legt er sich, so oft er kann, nieder, um sich zu wälzen und scheint dadurch seinem Herrn die geringe Sorge, die er für ihn trägt, vorzuwerfen. Er wälzt sich aber nicht, wie das Pferd es öfters macht, im Koth und im Wasser; er fürchtet sich sogar vor dem Wasser, und weicht demselben aus, wenn es sein kann, um sich seine Füße nicht zu benetzen oder zu beschmutzen, denn er hält seinen Huf immer sehr reinlich. Er würde überhaupt, wenn er, wie das Pferd, dressirt würde, bedeutend in seinem Aeußern wie in seinen Bewegungen gewinnen, da er für Erziehung empfänglich ist; und man hat in der That manche gesehen, die so abgerichtet waren, daß sie der schlaulustigen Menge ein ergötzliches Schauspiel vorführen konnten.

Betrachten wird den Esel in seiner Kindheit. Er ist munter und manierlich, behende und artig. Aber bald legt er dies ab, sei es durch Alter oder durch die schlechte Behandlung veranlaßt; er wird langsam, ungelehrig und eigensinnig. — Die Liebe für das Junge erreicht bei diesen Thieren einen sehr hohen Grad, und trennt man eine Mutter von ihrem Füllen, so läuft sie selbst durch die Flammen, wenn sie auf keinem andern Wege zu ihm gelangen kann. — Aber auch an seinen Herrn hat der Esel einen auffallenden Grad von Anhänglichkeit; er gewahrt ihn schon von Weitem, was er durch freudige Bewegungen kund giebt und unterscheidet ihn von allen andern Leuten. Desgleichen erkennt er die Ställe wieder, in denen er schon einmal übernachtet hat und weiß gleich dem Pferde die Wege wiederzufinden, wo er einmal mit seinem Herrn gereist ist. Er hat gute Augen, einen bewunderungswürdigen Geruch und ein treffliches Gehör, was die Meinung veranlaßt haben mag, daß er ein sehr furchtsames Thier sei, weil alle diese ein sehr feines Gehör und lange Ohren haben.

Wenn er überladen wird, so giebt er es dadurch zu erkennen, daß er den Kopf beugt und die Ohren senkt; quält man ihn zu sehr, so öffnet er den Mund und zieht die Lefzen (Lippen) auf eine Weise zurück, als wolle er seinen Peiniger dadurch verspotten und verhöhnen. Verdeckt man ihm die Augen, so bleibt er unbeweglich stehen oder liegen und ohne jede Bewegung.

Sein Gang ist wie der des Pferdes; er geht, er trabt, er galoppirt, aber stets kurz und weit langsamer als jenes. Wenn er auch im Anfange mit Schnelligkeit zu laufen anfängt, so ermüdet er sehr bald und kann, obwohl man ihn antreibt, bald nicht mehr fort. Weil er aber mit viel größerer Ruhe einherschreitet, namentlich weil sein Tritt viel fester und sicherer ist, als der des Pferdes, so bedient man sich seiner zum Besteigen der Gebirge, er erklimmt Felspartien ohne alle Gefahr, wo das Pferd dagegen unruhig und ängstlich werden, ausgleiten und in den Abgrund stürzen würde.

Das Geschrei des Esels ist für unser Ohr ein höchst unangenehmer Ton, da in ihm alle nur möglichen Mißklänge vereinigt sind, die von der Höhe zur Tiefe und von der Tiefe zur Höhe abwechseln. Das Pferd wiehert, der Esel yaht. Gewöhnlich veranlaßt ihn der Hunger zu diesem Geschrei, das ihn viel Anstrengung kostet. — Er hält sich sehr reinlich und Ungeziefer findet man nie bei ihm, das wegen der Härte und Trockenheit seiner Haut keine Nahrung findet. Er ist daher weit weniger empfindlich als das Pferd gegen die Peitsche und den Fliegenstich.

Er hat wie das Pferd $\frac{6}{6}$ Schneidezähne mit schwarzbrauner Vertiefung auf der Schneide, welche mit dem Alter durch Abnutzung verschwindet, $\frac{1.1}{1.1}$ Eckzähne und $\frac{6.6}{6.6}$ Backenzähne mit flacher Krone. Nach $2\frac{1}{2}$ Jahren fallen die ersten Schneidezähne in der Mitte und nachher die andern neben den ersten aus und erneuern sich in derselben Zeit und derselben Ordnung wie die des Pferdes.

Die Eselin bringt nur ein Junges zur Welt, das sie im zwölften Monate wirft. Ehe dasselbe sein Wachsthum beendet, müssen 3 bis 4 Jahre vergehen, und es erreicht ein Alter von 24 bis 30 Jahren. — Man hat beobachtet, daß der Esel weniger schläft als das Pferd und sich nur dann zum Schlafen niederlegt, wenn er übermüde und abgetrieben ist. Auch seine Gesundheit ist dauerhafter; er ist weniger zart und nicht einer solchen Menge von Krankheiten unterworfen.

Es giebt unter den Eseln, wie unter den Pferden, verschiedene Abarten, die man aber weniger kennt, weil man sie nicht mit derselben Aufmerksamkeit gewartet und beobachtet hat. Ihre Heimath ist wahrscheinlich Arabien und erst nach und nach sind sie nach den kälteren Gegenden gebracht worden. Aristoteles berichtet uns, daß es zu seiner Zeit keine in Scythien, noch selbst in Gallien gab, wo es fortwährend kalt sei, und die Kälte verursache entweder, daß sie keine Jungen brächten, oder, daß sie ausarteten, und das Letztere sei auch Veranlassung, daß sie in Illyrien, in Thracien und Epirus schwach und klein geworden seien. Sie wurden wahrscheinlich zuerst nach Aegypten, von hier nach Griechenland, dann wieder nach Italien, nach Frankreich, Deutschland, England, Schweden ꝛc. verpflanzt; sie sind schwächer und kleiner, je kälter die Himmelsstriche sind.

Der Esel wurde weit früher als das Pferd gezähmt und sein Stammvater kann mit mehr Gewißheit nachgewiesen werden, als bei den meisten Hausthieren; es ist der Waldesel, der onager der Alten, der noch jetzt in den Wüsten der Tartarei wild lebt.

Wir wollen jetzt zu seiner speciellen Geschichte übergehen. — Im Lande Kanaan wurden von jeher viele Esel gehalten. Diese Thiere spielen in der Geschichte des Morgenlandes eine viel edlere Rolle als bei uns. Dort ist der Esel kein verächtlicher Stiefbruder des Pferdes, sondern er zieht durch seine edle Gestalt, seinen raschen, leichten und zierlichen Gang und durch das in seinen Augen leuchtende Feuer die Aufmerksamkeit des Beobachters und Kenners auf sich, und er wird dort um seiner Gelehrigkeit, seines weichen Maules und sichern Trittes willen von Frauen und älteren Personen zum Reiten dem Pferde vorgezogen. Seine Zucht geht bis in die Zeiten der Patriarchen zurück; ja, wir finden die Zucht dieses Hausthieres zu Abrahams Zeit schon auf einen solchen Grad der Verfeinerung gebracht, daß die edlere Race der Esel durch einen eigenen Namen von der gemeinen Art unterschieden wird. Diesen Unterschied haben freilich unsere älteren Bibelübersetzer unbeachtet gelassen, denn gerade da, wo der Prophet Zach. 9, 9 den edlen jungen Hengst, den Sohn der edelsten Race nennt, übersetzen Luther und Andere: Der Esel, das Füllen der lastbaren Eselin. Und auf einem solchen hielt der Herr Christus seinen königlichen Einzug in Jerusalem.

In Aegypten war er ebenfalls schon zu Abrahams Zeiten Hausthier. — Bei den Römern wurde er gebraucht, um die Mühle zu treiben und zum Lasttragen. Die Eselsmilch war ein beliebtes Mittel bei den Römerinnen, ihre Haut rein und schön zu erhalten. Des Nachts legten sie sich einen Teich von Reismehl und Eselsmilch darauf, und die schöne Kaiserin Poppäa, Nero's Gemahlin, führte überall 500 säugende Eselinnen mit sich, um sich öfters in Eselsmilch zu baden.

Aus der Zeit der Hohenstaufen haben wir die ersten Nachrichten, daß der Esel in Deutschland hier und da gehalten wurde.

In Amerika war er ebenfalls nicht wild, er wurde aber sofort nach der Entdeckung durch Kolumbus im Jahre 1493 dahin gebracht und hatte damals einen Werth von 7700 Livres, gedieh aber in den

Tropenländern so außerordentlich, daß jetzt eine unzählige Menge auf dem Hochlande von Quito wild umherläuft und den dortigen Bewohnern höchst beschwerlich wird. Desgleichen giebt es in Paraguay wilde und zahme Esel, von denen man viele wegen ihrer Haut schlachtet; denn dieselbe ist sehr hart und sehr federkräftig, und man wendet sie mit Nutzen zu verschiedenen Zwecken an. Man macht aus ihr Siebe, Trommeln, sehr gute Schuhe, dickes Pergament zu Schreibtafeln, das man mit einer leichten Gypslage überzieht. Auch verfertigen die Orientalen aus der Eselshaut den Sagri, den wir Chagrin nennen. Desgleichen sind die Knochen von außerordentlicher Härte; die alten Völker machten daraus Flöten, die sie weit klangvoller, als von andern Knochen verfertigt, fanden.

Wie man die übrigen Hausthiere in zahlloser Menge in den Steppen Amerika's verwildert findet, so auch, wie schon erwähnt, den Esel. Gerade er gedeiht hier am meisten, da er mit schlechter und dürrer Kost zufrieden ist, und die er selbst in der heißen Jahreszeit vollauf findet. Nur der Mangel an Wasser überhaupt und besonders an gutem Wasser macht ihm außerordentliche Beschwerden. Aber sein Naturtrieb hat ihn andere Quellen kennen gelehrt, aus denen er sich seinen Trank verschafft. Wie bekannt, wachsen dort in üppiger Fülle die bei uns nur in Töpfen gezogenen Cactuspflanzen oder Fackeldisteln mit ihrem prächtigen Blüthenschmuck, und erreichen eine Höhe von 15 bis 20 Fuß und eine entsprechende Stärke. Diese sind außerordentlich saftreich und grünen und blühen lustig fort, wenn die übrige Vegetation längst von den glühenden Sonnenstrahlen versengt ist. Wenn nun die Esel dieser Gegenden vom heftigen Durste geplagt werden, so stampfen sie mit ihrem Hufe zunächst die wie Pfeile ihnen entgegenstarrenden Stacheln ab und bringen sodann dem Stamme eine Wunde bei, aus der sie mit heftigen Zügen den erquickenden Saft einschlürfen. Aber gar oft müssen sie dieses frevelhafte Beginnen mit ihrem Leben büßen. Denn aus Rache für diese That bohrt die verletzte Pflanze zuweilen einen Stachel in den Huf des Thieres; die Wunde entzündet sich und die Hitze macht sie so gefährlich, daß die Verwundeten lahm werden und vor Durst umkommen müssen oder durch die gefährliche Entzündung den Tod finden.

Sie werden hier öfters ein Gegenstand der Jagd, indem man sie entweder erlegt oder wie die Pferde in Schlingen fängt. Ihr Fleisch wird zuweilen gegessen, aber das von den zahmen Eseln ist schlecht, hart und von widerlichem Geschmacke; und der Arzt Galienus meint sogar, es sei eine schädliche und Krankheiten erzeugende Nahrung. Die Milch aber wird als Heilmittel gebraucht und ihre medizinische Verwendung hat sich von den Griechen bis auf unsere Zeiten erhalten.

Die Alten legten sogar dem Blute, dem Harne, dem Gehirn, dem Herzen, der Leber ꝛc. mancherlei Heilkräfte bei, doch die neuere Medizin hat dies mit Recht verworfen.

In Persien giebt es zweierlei Esel: die einheimischen, die langsam und schwerfällig sind, und deren man sich nur zum Lasttragen bedient, und eine Race arabischer Esel, die von schöner Gestalt sind. Sie haben glattes Haar, einen hohen Kopf und sehr leichte Füße. Dieselben erheben sie mit Lebhaftigkeit, sie gehen sehr gut und man bedient sich ihrer nur zum Reiten. Man legt ihnen runde und oben platte Saumsättel an, die mit Tuch oder Teppichen behangen und mit dem Geschirr und den Steigbügeln versehen sind. Man sitzt mehr auf dem Hintertheile, als nach dem Halse zu. Mancher von diesen Eseln wird mit 400 Gulden bezahlt und der geringste Preis für ein Thier dieser Art ist 25 Pistolen. Hier empfangen sie dieselbe Pflege, wie anderswo das Pferd. Man lehrt sie aber nicht anders, als im Paß der Gebirge gehen, und wenn sie dazu abgerichtet werden, so bindet man ihnen die Vorder- und Hinterbeine auf derselben Seite durch zwei baumwollene Stricke zusammen, die so lang gelassen werden, wie sie schreiten sollen. Ein anderes Seil, das in der Gegend des Steigbügels am Gurt befestigt ist, hält sie in die Höhe. Es sind dazu eigens Leute angestellt, welche die Thiere zureiten. Damit sie mehr athmen können, spaltet man ihnen die Nüstern, und sie gehen so rasch, daß man galoppiren muß, um ihnen zu folgen.

Von Persien kamen die Esel nach der Berberei und nach Aegypten, wo sie schön und von großem Wuchse sind. In Indien und Guinea sind sie sogar größer, stärker und besser als die einheimischen Pferde. In Madura genießen sie selbst große Ehre, da sie von einem Stamme der Indier besonders verehrt werden, denn diese glauben, daß die Seelen aller Adligen nach dem Tode in den Körper der Esel übergingen. — Endlich findet man die Esel in allen südlichen Ländern vom Senegal bis nach China in größerer Menge als die Pferde.

Wir haben schon erwähnt, daß der zahme Esel von dem Waldesel oder dem onager der Alten abstamme; derselbe wird häufig von den Reisenden mit dem Zebra verwechselt. Dasselbe ist aber gestreift und nicht von so schöner Gestalt als jener. Wilde Esel findet man auf einigen Inseln des Archipels und besonders auf Cerigo. Viele giebt es ferner in den Wüsten Lybiens und Nubiens: sie sind grau und laufen so schnell, daß nur die Pferde aus der Berberei sie im Laufe einholen können. Erblicken sie einen Menschen, so schreien sie laut auf, schlagen hinten aus, fliehen aber nicht eher, als bis sie sich die Gewißheit verschafft haben, daß man sich ihnen nähert. Man trifft sie meistens, wenn sie weiden und trinken, truppweise an. Um sich ihrer zu bemächtigen, fängt man sie mit Fallen und Stricken. Sie werden getödtet und ihr Fleisch wird gegessen. — Der Reisende Olearius erzählt uns folgendes Erlebniß: Der König von Persien führte ihn eines Tages mit sich in ein kleines Gebäude, das die Form eines Theaters hatte, um hier einen Imbiß von Früchten und Zuckerwerk zu nehmen. Nach dem Mahl wurden 32 wilde Esel hereingelassen, auf welche der König einige Kugeln und Pfeile abschoß und hierauf den Gesandten und anderen großen Herren auch zu schießen erlaubte. Es war keine geringe Unterhaltung (freilich ein seltsamer Geschmack!), diese Esel zu sehen, beladen wie sie waren, zuweilen mit mehr als 10 Pfeilen, womit sie die andern belästigten und verwundeten, wenn sie sich unter sie mischten, so daß sie auf eine seltsame Weise sich zu beißen und gegeneinander auszuschlagen anfingen. Als sie alle erschossen waren, wurden sie der Reihe nach vor dem Könige niedergelegt, und darauf nach Ispahan in die Hofküche geschickt; denn die Perser schätzten das Fleisch dieser wilden Esel sehr hoch. Der König sollte sich öfters dieses Vergnügen machen, eine so bequeme Jagd abzuhalten. Doch es ist nicht wahrscheinlich, daß alle diese wilden Esel in Wäldern gefangen wurden, und es waren vermuthlich solche, die man in großen Thiergärten aufzog, um das Vergnügen zu haben, sie zu jagen und zu essen.

Wir glauben hiermit die Vorzüge des edlen Grauthieres, das mit einem dunklen, fast schwarzen Kreuze auf dem Rücken gezeichnet ist, in der Weise vorgeführt zu haben, daß man uns beistimmen wird, dieses Thier verdiene eine bessere Behandlung, da es in dem menschlichen Haushalte seinen Platz gut ausfüllt, sei es dadurch, daß es Lasten auf seinem Rücken trägt, z. B. die schweren Kornsäcke nach den Mühlen, oder daß man es wegen seines ruhigen Ganges zum Reiten benutzt. Es wird selbst in Ländern, wo der Boden leicht ist, vor den Pflug gespannt, und sein Dünger ist sehr geeignet, schweres und feuchtes Land zu größerer Fruchtbarkeit zu veranlassen.

Die Verwandtschaft des Pferdes und Esels ist sehr gering;

beide stehen fast allein da, um die Abtheilung der **Einhufer** zu bilden. Nur noch drei Thiere sind mit einem Hufe geziert. Das erste ist das Dschiggetai in Persien und in der Mongolei, das zweite das Zebra und das dritte das Quagga in Afrika.

B. Vögel.

IX. Das Huhn.

Unter den Vögeln haben sich die Hühner dem Menschen unentbehrlich gemacht, und in Häusern, wo sie nicht selbst zu finden sind, kennt und gebraucht man wenigstens ihre Eier. Denke an die Mannigfaltigkeit der Speisen, welche dir — nur in dem Zeitraum einer Woche -- auf den Tisch gesetzt werden und frage in der Küche nach, wie oft das Huhn sein Theil zu deren Nahrhaftigkeit und Wohlgeschmack beitrug! Und je besser du zu essen gewohnt bist, desto öfter bedarfst du seiner! Bald ist die Suppe durch ein abgeschlagenes Ei schmackhafter und nährender geworden, bald waren es die in verschiedenster Gestalt auftretenden Klöße, die sich fast schämen, ganz ohne Ei sich sehen zu lassen, bald eigentliche Eiersuppen oder Saucen, die dich an das bescheidene Thierlein erinnern. Und wie hoch weiß der von schwerer Krankheit Genesende die kräftige Hühnerbrühe zu schätzen! Vollends der Conditor! wo bleiben seine feinen Kuchen und Torten ohne die Zuthat des Huhnes? — Nun wirst du dir es hoffentlich angelegen sein lassen, dir das Huhn nebst einem Theile seiner Vetterschaft zum Freunde zu halten und — solltest du es bis dahin versäumt haben — eine genaue Bekanntschaft mit ihm zu machen. Du wirst es aber in der Ordnung finden, wenn wir dir erst den Hahn vorstellen, da er sowohl durch den Schmuck seiner Federn als auch durch seine Gesangesbegabung, so wie durch seine ganze vornehme Haltung äußerlich vortheilhafter hervortritt, als seine Frau, die Henne.

Der Hahn ist sich seiner Würde, die er auf dem Hühnerhofe bekleidet, wohl bewußt. Darum geht er auch so stolz einher. Siehe, in welch' gesetzter und zugleich graciöser Weise er einen Fuß vor den andern setzt. Beachte überhaupt seine freie und kräftige Bewegung! Dazu paßt ganz sein feuriges Auge und besonders sein Kleid, welches sehr lebhaft und glänzend gefärbt ist. Besonders treten die beiden mittleren Schweif- oder Schwanzfedern*) hervor; denn sie sind viel größer und biegen sich kreisförmig um. Sie zieren so manchen Generalshut. Die Federn am Hals und Bürzel sind lang und schmal; seine Flügel sind aber sehr kurz, und daher fliegt er nur selten.

Ein guter Hahn hat ein feuriges Auge, einen stolzen Gang, freie und kräftige Bewegungen. Man hat in früheren Zeiten oft erzählt, daß er, so ausgestattet, dem Löwen einen Schreck einjagen könne.

Wenn er ja einmal versucht, zu fliegen, so geschieht es immer mit einem Geschrei, das seine Anstrengung verräth. Er kräht übrigens sehr viel, und sowohl am Tage als auch in der Stille der Nacht läßt er seinen weithin schallenden Ruf ertönen. Am frühen Morgen hat er seine bestimmte Zeit, wenn er das erste Geschrei hören läßt, um den Anfang des Tages zu verkünden und um die Bewohner des Hauses zu neuer Thätigkeit wach zu rufen. Sein Krähen ist von dem Geschrei des Weibchens sehr verschieden, obwohl einige Weibchen es ihm nachzuahmen suchen. Viele abergläubische Weiber halten das Gekräh einer Henne für eine Unglücks-Prophezeihung, und haben sie unter ihren Hennen eine solche entdeckt, die es wagte, dem Hause Unglück zu prophezeihen, dann schleichen sie still und schweigsam am Abend nach dem Hühnerstall, mit angstvollem Gesicht ergreifen sie den Unglücksvogel, um ihm den Hals umzudrehen.

Im Schlaf hebt der Hahn meistens einen Fuß in die Höhe und zieht ihn an sich, wodurch der, auf welchem er gewöhnlich steht und der den Körper trägt, kräftiger und fleischiger wird, den unsere Feinschmecker sehr bald, besonders bei den Kapaunen und Masthühnchen von dem andern unterscheiden. Den Kopf verbirgt er während des Schlafes unter dem Flügel, welcher sich auf der Seite des tragenden Beines befindet. Den Körper und den Schnabel trägt er wagerecht mit der Ebene, auf welcher er steht; der Hals erhebt sich steilrecht, die Stirn ist mit einem rothen, fleischigen Kamme und der untere Theil des Schnabels mit einer doppelten Haut von gleicher Farbe geziert.

---

*) Schweif- oder Steuerfedern heißen die Schwanzfedern eines jeden Vogels.

Der Hahn nimmt sich in der Mitte seiner Hennen sehr stattlich aus, die ihm darum um so anhänglicher, treuer und ergebener sind.

Er ist ein treuer Gatte und hat große Besorgniß und selbst Unruhe und Bekümmerniß für seine Hennen; er verliert sie nicht leicht aus dem Auge, er führt, beschützt, bedroht sie, sucht diejenigen, die sich entfernen, bringt sie zurück und überläßt sich der Lust zu speisen nicht eher, als bis er sie alle um sich her am Mahle theilnehmen sieht. Aus den verschiedenen Biegungen seiner Stimme und den verschiedenen Ausdrücken seiner Mienen geht hervor, daß er verschiedene Sprachen mit ihnen redet. Wenn er sie verliert, so giebt er Zeichen des Kummers von sich. Nie mißhandelt er eine Henne; aber wagt es ein anderer Hahn, die Gränze seines Reiches zu überschreiten und in sein Gebiet einzudringen, so eilt er, ohne dem Fremdling Zeit zu lassen, etwas zu unternehmen, mit funkelnden Augen, mit gesträubtem Gefieder herbei, schlägt mit den Flügeln auf den Boden und stürzt sich auf seinen Nebenbuhler. Es entspinnt sich ein heftiger Kampf, der nicht eher endet, als bis der eine oder der andere unterliegt, oder der Zudringling das Schlachtfeld räumt und die Flucht ergreift. Er duldet nicht Seinesgleichen in seinem Staate und in seiner Umgebung, und diese Unduldsamkeit reißt ihn sogar soweit fort, daß er die jungen Küchlein schlägt und tödtet. Ist es aber auf einem großen Hühnerhofe nöthig, wegen der großen Anzahl der Hennen mehrere Hähne zu halten, so bekämpfen sich diese unaufhörlich; denn obwohl sie sich nach vielem Streite das Revier getheilt haben, so kommt es doch gar oft vor, daß sie sich begegnen und sofort einen Kampf beginnen.

Die Menschen die aus Allem Nutzen für ihre Unterhaltung ziehen, haben es gut verstanden, von dieser unbesiegbaren Abneigung, welche zwischen den Hähnen besteht, Gebrauch zu machen. Sie haben sogar diesen angebornen Haß mit so vieler Kunst gepflegt, daß die Kämpfe zweier Hähne die Neugier der Völker, selbst der gebildeten Völker spannen. Man sahe und sieht noch jetzt in verschiedenen Ländern Leute aus allen Ständen zu jenen Turnieren strömen, welche zwischen zwei Hähnen stattfinden. Es bilden sich auf dem Kampfplatze Parteien, die sich für den einen oder den andern Kämpfer ereifern. Es werden Wetten abgeschlossen, die öfters eine solche Höhe erreichen, daß durch den letzten Schlag des siegenden Vogels das Glück mehrerer Familien zu Grunde gerichtet wird.

Früher kannte man die Hahnenkämpfe nur bei den Rhodern,

Tangrern und Pergamern; jetzt finden wir sie noch bei den Chinesen, den Bewohnern der Philippinen, Java's, der amerikanischen Landenge, bei den Briten und einigen anderen Völkern.

Auch die Athener hatten einen Tag im Jahre diesen Hahnenkämpfen geweiht. Die Veranlassung dazu war folgende: Als Themistokles zum Kampfe gegen die Perser zog und in der Schlacht bemerkte, daß seine Soldaten geringen Eifer zeigten, machte er sie auf die Erbitterung, womit Hähne gegen einander kämpften, aufmerksam. „Seht," sagte er ihnen, „den unbezwingbaren Muth dieser Thiere, und doch treibt sie nichts Anderes, als die Begierde, zu siegen, und ihr, die ihr für euren Heerd, für die Gräber eurer Ahnen, für die Freiheit kämpft, zeigt euch ihnen nicht einmal gleich." Diese wenigen Worte belebten den Muth des Heeres von Neuem, und Themistokles trug den Sieg davon. Zum Andenken an diese Begebenheit setzten die Athener eine Art Fest ein, das durch Hahnenkämpfe gefeiert wurde.

Uebrigens sind die Hähne nicht die einzigen Vögel, die man zu solchen Schauspielen verwendet. Die Athener gebrauchten später zu demselben Zwecke auch Wachteln, und die Chinesen ziehen noch heutiges Tages kleine Vögel, die den Wachteln ähnlich sind, zum Kampfe auf.

Ueberall ist die Art, wie diese Vögel kämpfen, verschieden, je nach den verschiedenen Schulen, worin sie ihre Bildung erhalten haben, und nach der Verschiedenheit der Angriffs- und Schutzwaffen, womit sie ausgerüstet werden. —

Der gemeinschaftliche Name für diese Hausvögel ist Huhn. — Ein hervorstechendes Merkmal, was ihren Vogelcharakter hervorhebt, sind der Schnabel und die Federn. Der Schnabel besteht aus einem Ober- und aus einem Unterkiefer. Ihre harte Zunge liegt in der Höhlung, welche von den beiden Schnabeltheilen gebildet wird; sie ist nicht, wie es bei den Säugethieren der Fall ist, vorstreckbar. Die Nasenlöcher befinden sich auf beiden Seiten des Oberschnabels, und die Ohrlöcher, welche äußerlich nicht sichtbar sind, da sie von den Federn bedeckt werden, liegen auf beiden Seiten des Kopfes. Die Füße haben gewöhnlich vier Zehen, von denen immer drei nach vorn, und einer nach hinten gerichtet sind. Das Männchen (zuweilen auch einige Weibchen) trägt einen Sporn, der einige Zoll über der Hinterzehe sich befindet; er endet mit einer scharfen Kralle und ist dem Hahne eine gewaltige Waffe. Die Federn kommen zu zweien aus jedem Schaft; sie sind bei den Hennen von matter und glanzloser, sonst aber von verschiedener Farbe. Der Schweif steht beinahe aufrecht, und dennoch können sie ihn weiter nach dem Hals zu oder nach der Erde herabneigen. Er besteht bei allen Hühnerracen, die mit einem Schwanze geziert sind, aus 14 großen Federn, die sich in zwei gleiche Blätter theilen, welche sich gegen einander neigen und unter einem mehr oder minder spitzen Winkel mit ihrem oberen Rande begegnen.

Die Hühner scharren in der Erde, um sich ihre Nahrung zu suchen; sie verschlingen dabei ebenso viele kleine Kiesel als Körner und verdauen nur um so besser. Zum Trinken nehmen sie das Wasser in den Schnabel und erheben jedesmal den Kopf, um es hinunter zu schlucken.

Bei der Paarung muß man, wenn man einen reinen Schlag erhalten will, darauf Rücksicht nehmen, daß Henne und Hahn zu einander passen; denn auch diese Thiere sind der Veredlung fähig, und gerade jetzt giebt man auf vorzügliche Hennen, wie die Hühnerzucht in England beweist, wo sie ein Gegenstand der Liebhaberei und Mode geworden ist, sehr viel. Am meisten wird eine Veredlung erzielt, wenn man die verschiedenen Schläge sich kreuzen läßt. Schon von Alters her achtete man darauf. Kolumella sagt: die besten Küchlein seien diejenigen, die aus der Paarung eines Hahnes von fremdem Schlage und den gemeinen Hennen herkämen, und von Athenäus erfahren wir, daß man für die gemeinen Hennen einen männlichen Fasan wählte.

Die besten Hennen sind diejenigen, welche ein lebhaftes Auge, einen schwankenden und brennenden rothen Kamm haben und denen der Sporn fehlt. — Gute Pächterinnen geben gleichzeitig noch denen von schwarzer Farbe den Vorzug, weil sie fruchtbarer als die weißen sein sollen, besonders aber, weil sie dem scharfen Blick des Raubvogels, der über die Hühnerhöfe hinwegzieht, leichter entgehen können. — Die Hennen sind schwächer gebaut als der Hahn und haben breitere Federn und niedrigere Beine.

Die Hühner brauchen keinen Hahn, um Eier zu legen; es entstehen dieselben beständig aus der Traube des Eierstocks, die darin anwachsen, sich vergrößern und reifen, sodann von ihrem Stiel und Kelch sich ablösen und mit dem dicken Ende zuerst hervortreten. Hat eine Henne ein Ei gelegt, dann ertönt ihr freudiges Gackern, um zu verkünden, welch wichtiges Geschäft sie vollbracht hat.

Erst durch das Treten des Hahns werden die Eier fruchtbar und es entwickelt sich aus ihnen das junge Küchlein, wenn es gehörig bebrütet wird.

Das Gewicht eines Hühnereies beträgt 2 Loth und 2 Quentchen. Will man die Theile desselben genauer kennen lernen, so muß man erst die Schale vorsichtig durchbrechen. Unter derselben zeigt sich zuerst eine Haut, welche die ganze Höhlung bekleidet. Hierauf folgt das äußere Weiß, welches die Form dieser Höhlung hat, sodann das innere Weiß, welches runder als das vorige ist und endlich befindet sich darin das Eigelb, welches kugelförmig gebildet ist. Jeder einzelne dieser Theile wird noch von einer besonderen Haut umschlossen, die beim Dotter zusammenhängen und wo sich zugleich das Närbchen oder der Keim des jungen Thierchens befindet.

Die äußere Form des Eies ist allbekannt, ziemlich oft aber wird sie durch Zufall verändert. — Nicht selten findet man zwei Dotter in derselben Schale. Dieses geschieht, wenn zwei gleich reife Eier sich zu derselben Zeit vom Eierstock ablösen, neben einander liegen und ihr Eiweiß zu gleicher Zeit bilden. Sie trennen sich nicht, das Eiweiß umschließt sie und haben somit ein und dieselbe Hülle, um die sich zuletzt noch die Schale bildet. — Man hat auch gefunden, daß ein Ei von dem andern umschlossen wurde. Ersteres wurde in seiner Ausbildung durch irgend welchen Zufall aufgehalten, ein sich später bildendes wurde an dasselbe herangedrängt und dieses umschloß es zuletzt, da es sich weiter ausbildete, zum Theil oder auch ganz. — Es kann ferner vorkommen, wie es in der That schon der Fall gewesen ist, daß sich Nadeln oder andere Sachen in einem Ei vorfinden. Diese sind auf irgend einem Wege zum Eierstock gelangt, ein sich bildendes Ei hat sie umschlossen und so sind sie wieder zu Tage gefördert worden.

Die Schale der Eier besteht aus einer kalkartigen Bildung; manche Hühner legen aber schallose Eier, das seinen Grund entweder darin hat, daß die Kalkbestandtheile zur Bildung fehlten, oder daß die Eier zu früh herausgedrängt wurden. Dieselben sind natürlich zum Ausbrüten untauglich. Man hat beobachtet, daß dieses nur bei den zu fetten Hühnern vorkomme, und die zu mageren legen wieder Eier mit zu harter, manchmal sogar mit doppelter Schale. Wieder andere Eier hatten noch den Stiel, womit sie am Eierstock befestigt waren, an sich. Einige hatten sogar eine halbmondförmige Gestalt, andere die Form einer Birne.

Einzelne Eier haben öfters kein Gelb oder keinen Dotter und diese sollen nach dem Volksglauben eine Schlange enthalten, aber die Freunde des Wunderbaren haben die Verbindung der Häute, welche eine zusammengedrehte Form erhalten haben, für eine Schlange gehalten und das unwissende Volk damit erschreckt.

Die Hühner legen das ganze Jahr hindurch; nur wenn sie mausern d. h. ihre Federn wechseln, was gemeiniglich gegen Ende des Herbstes und im Anfange des Winters eintritt, halten sie 6 bis 8 Wochen inne. Tritt die eigentliche Legezeit bei den Hühnern ein, was schon im ersten Frühjahre bei überflüssiger Nahrung beginnt, und wenn die Kälte nicht mehr so streng ist, so legen sie alle Tage ein Ei. — In Samojetien, Malakka und in einigen anderen Gegenden soll es Hühner geben, die täglich zwei Mal legen. Aristoteles erzählt uns selbst von Hühnern in Illyrien, die sogar drei Mal legten, und die wahrscheinlich die adrianischen oder adriatischen Hühner sind, welche wegen ihrer Fruchtbarkeit berühmt waren. — Das frühere Legen und die größere Fruchtbarkeit hängt überhaupt sehr von der wärmeren Witterung oder dem wärmeren Aufenthalt der Hühner ab. Sie legen mitten im Winter, wenn man sie in einem Stalle hält, worin immer warmer Mist ist, auf dem sie sich aufhalten können.

Ein Ei beginnt sofort, wenn es gelegt ist, auszudünsten und verliert täglich einige Gran an seiner Schwere. Die weichen Theile werden allmälig dicker und trocken, oder, was häufiger der Fall ist, sie bekommen einen unangenehmen Geschmack, üblen Geruch und verderben zuletzt gänzlich. Um diesem vorzubeugen, und um die Eier recht lange zu erhalten, haben die Hausfrauen schon mancherlei Versuche angestellt, die Hauptsache ist und bleibt aber, daß man die Verdunstung nach allen Kräften verhüte. Dazu eignet sich ein Fettüberzug, der die Poren verstopft, oder das Einsenken in Kalk. Sie erhalten sich dadurch mehrere Monate und wenigstens den Winter hindurch frisch, wenn die Hühner mit Legen bereits aufgehört haben. Sollen sie aber zum Ausbrüten wieder verwendet werden, dann muß man sie sorgsam reinigen, denn sobald sie nicht gehörig ausdünsten können, kann sich das Küchlein nicht entwickeln.

Eine Henne, die eben ein Ei gelegt hat, empfindet eine Art Entzücken, welches sie durch ein lebhaftes Freudengeschrei ausdrückt und das die anderen Hühner durch Begleitung mit gleichen Tönen theilen. Hat sie 25 bis 30 Eier gelegt, dann stellt sich ein lebhaftes Verlangen ein, sie auszubrüten. Diesem beugt man meistens dadurch vor, daß man ihr die Eier täglich wegnimmt, sie legt dann weiter, wenigstens noch zwei bis drei Mal mehr, und sie kann sich möglicherweise durch ihre Fruchtbarkeit erschöpfen; aber zuletzt wird doch eine Zeit kommen, wo sie diesem Naturtriebe nicht mehr widerstehen kann. Durch ein besonderes Glucksen und durch unzweideutige Bewegungen und Stellungen giebt sie ihr Verlangen kund. Hat man ihr ihre eigenen Eier genommen, so wird sie auf denen anderer Hennen, und fehlen ihr auch diese, sich auf andere Eier oder wohl gar auf Steine niederlassen. Diesen unwiderstehlichen Trieb hat man zu benutzen gewußt und man läßt durch Hennen meistentheils die jungen Enten ausbrüten. Ja, selbst wenn man Alles entfernt, worauf eine zur Brut geneigte Henne sitzt, so wird sie dennoch nicht sobald den Ort verlassen, sondern sich in Kummer und fruchtlosen Bewegungen aufzehren. Ist es ihr aber gelungen, an einem stillen und passenden Orte echte oder nachgemachte Eier zu finden, oder hat man ihr welche gegeben, dann umschließt sie sie mit ihren Flügeln, erwärmt sie mit ihrer Hitze, die um so stärker ausströmen kann, da sie ihren Bauch von Federn entblößt hat, wendet sie von Zeit zu Zeit, als wollte sie sich ihrer einzeln freuen und ihnen allen einen gleichen Grad Wärme mittheilen. Dieser Beschäftigung giebt sie sich der Art hin, daß sie fast darüber Essen und Trinken vergißt; man möchte sagen, sie begriffe die ganze Wichtigkeit des Geschäftes, das sie verrichtet; keine Vorsichtsmaßregel wird vergessen, um diesen kleinen Wesen, deren Leben erst durch die mütterliche Wärme begonnen, das Dasein vollends zu geben, und die Gefahren, die sie umringen, zu entfernen. Und die Sorgfalt der Mutter ist nicht ohne Grund, sehr leicht kann die Entwickelung der Jungen gestört werden, denn selbst das Geräusch ist ihnen zuwider; man hat bemerkt, daß eine ganze Brut ausgeschlüpfter Hühnchen in der Werkstatt eines Schlossers vom Schwindel ergriffen wurde.

Durch die Brütwärme entwickelt sich der Keim oder der Embryo, welcher in der Narbe des Eies sich befindet, der von den übrigen Theilen, namentlich von dem Dotter seine Nahrung empfängt. Man hat die allmälige Entwickelung des Küchleins vielfach beobachtet, die in folgender Weise vor sich geht.

Sobald über dem Ei 5 bis 6 Stunden gebrütet worden, sieht man schon deutlich den Kopf des Küchleins am Rückgrat hängen, schwimmend in der Flüssigkeit der Narbe; gegen das Ende des Tages hat sich der Kopf, immer größer werdend, schon zurückgebogen.

Vom zweiten Tage an sieht man die ersten Umrisse der Wirbelbeine, die wie kleine auf beiden Seiten der Mitte des Rückgrats liegende Kügelchen gestaltet sind; auch sieht man den Anfang der Flügel und die durch ihre dunkle Farbe bemerkbaren Nabelgefäße zum Vorschein kommen; der Hals und die Brust treten hervor. Der Kopf wird immer größer; man sieht an ihm die ersten Linienzüge der Augen und drei, ebenso wie der Rückgrat von durchsichtigen Häutchen umgebene

Bläschen; das Leben der Thierfrucht wird deutlicher, schon sieht man sein Herz schlagen und sein Blut umlaufen.

Am dritten Tage ist Alles unterscheidbar, weil Alles größer geworden ist. Am bemerkbarsten ist das Herz, welches an der Brust heraushängt und drei Mal nach einander schlägt; das erste Mal, wenn es durch das Oehrchen das in den Blutadern enthaltene Blut in sich aufnimmt, das zweite Mal, wenn es dasselbe in die Pulsadern schickt und das dritte Mal, wenn es das Blut in die Nabelgefäße treibt. Trennt man diesen Thierkeim von dem Weiß in seinem Ei, so dauert diese Bewegung noch 24 Stunden fort. Noch erblickt man an den Bläschen des Gehirns Blut- und Pulsadern; die Anfänge des Rückenmarks beginnen sich längs der Wirbelbeine auszudehnen; endlich sieht man den ganzen Körper der Thierfrucht wie eingehüllt in einem Theil der umgebenden Flüssigkeit, die fester geworden ist als der übrige Theil.

Am vierten Tage ist die Bildung der Augen schon weit vorgerückt; man erkennt sehr gut den Augapfel, die Kristalllinse, die Glasfeuchtigkeit; außerdem sieht man am Kopfe fünf mit Feuchtigkeit angefüllte Bläschen, die an den folgenden Tagen sich allmälig nähern und sich bedecken, um endlich das von diesen Häutchen umgebene Gehirn zu bilden; die Flügel wachsen, die Schenkel fangen an zum Vorschein zu kommen und sowie der Körper, Fleisch zu gewinnen.

Die Erscheinungen am fünften Tage bestehen darin, daß sich der ganze Körper mit einem fettigen Fleische bekleidet, das Herz wird durch ein sehr dünnes Häutchen, welches sich über den Umfang der Brust hinzieht, nach innen zurückgehalten, und man sieht die Nabelgefäße aus dem Unterleibe herauskommen.

Am sechsten Tage breitet sich das Rückenmark, das sich in zwei Theile getheilt hat, längs dem Stamme weiter aus; die Leber, welche vorher weißlich war, ist dunkel geworden, das Herz schlägt in seinen beiden Kammern, der Körper des Küchleins ist schon mit der Haut bekleidet, worauf die Anfänge der Federn sich zeigen.

Am siebenten Tage ist der Schnabel deutlich zu erkennen; das Gehirn, die Flügel, Schenkel und Füße haben ihre vollkommene Gestalt erlangt; die Herzkammern erscheinen wie zwei zusammenhängende und durch ihren oberen Theil mit dem Körper der Oehrchen vereinte Bläschen; in den Kammern sowohl wie in den Oehrchen bemerkt man zwei aufeinanderfolgende Bewegungen.

Die Lunge erscheint am Ende des neunten Tages und ihre Farbe ist weißlich.

Am zehnten Tage erhalten die Muskeln der Flügel ihre völlige Bildung und die Federn treten deutlicher hervor.

Am elften Tage hat sich das Herz aus zwei Kammern bestehend vollkommen vereint, und die Pulsadern, bisher getrennt von demselben, schließen sich daran an.

An den folgenden Tagen werden alle diese Theile nur vollkommener entwickelt, bis das Küchlein seine Schale, nachdem es mehrere Male gepiept hat, durchbricht und das belebende Licht begrüßt. Dies geschieht gewöhnlich am 21sten Tage, manchmal, doch sehr selten erst am 27sten und 28sten Tage.

Lebhaft ist die Freude der Mutter über ihre neugebornen Kinder. Sie, die ein so feuriges Verlangen zum Brüten gezeigt, die mit so vieler Unverdrossenheit gebrütet, die mit so großer Innigkeit Thierkeime, die für sie noch nicht da waren, gehegt hat, erkaltet nun, wenn die Küchlein ausgekrochen sind, in ihrem Eifer nicht; durch den Anblick dieser kleinen Wesen, die ihr ihre Geburt verdanken, vielmehr gestärkt, nimmt ihre Anhänglichkeit noch durch die neuen Sorgen, welche die Schwäche und Hülflosigkeit ihrer Kinderchen erfordern, von Tag zu Tag zu; ohne Unterbrechung mit ihnen beschäftigt, sucht sie nur für sie Nahrung auf; sie scharrt mit ihren Nägeln den Erdboden auf, um ihm die Nahrungsmittel, die er in seinem Schooße birgt, zu entreißen, und hungert selbst, um ihre Küchlein nicht Noth leiden zu lassen. Wenn sich eins davon verirrt, so ruft sie es mit ihrer mütterlich lockenden Stimme zurück, nimmt sie alle unter ihre Flügel, um sie gegen die Härte der Witterung zu schützen und ihre frierenden Gliederchen zu erwärmen. Diesen zarten Sorgen giebt sie sich mit so vielem Eifer hin, daß ihr körperlicher Zustand davon angegriffen wird, und man kann eine Glucke, die ihre Jungen führt, leicht von anderen Hennen unterscheiden durch ihre gesträubten Federn, schleppenden Flügel, den heiseren Ton ihrer Stimme und ihre verschiedenen Bewegungen, die alle ein starkes Gepräge mütterlicher Besorgniß und Liebe tragen.

Gleichwie sie sich selbst vergißt, um ihre Jungen zu erhalten, so setzt sie sich ferner jeder Gefahr aus, um sie zu vertheidigen. Erscheint ein Habicht, um ihr ein theures Kind zu rauben, so wird diese schwache und sonst furchtsame Mutter, die zu jeder anderen Zeit mit ängstlichem Geschrei ihr Heil in der Flucht suchen würde, aus Zärtlichkeit unerschrocken, und stürzt sich der furchtbaren Kralle entgegen. Und durch ihr verdoppeltes Geschrei, ihr Flügelschlagen und ihre Verwegenheit schreckt sie nicht selten den Raubvogel, der durch den unverhofften Widerstand zurückgescheucht, sich entfernt und leichtere Beute sucht.

Mit gleicher Liebe hegt eine Glucke die von ihr ausgebrüteten Enten oder andere Wasservögel. Wenn diese von ihrem Naturtriebe geleitet, hingehen, um sich im benachbarten Flusse zu belustigen und zu baden, so ist es ein merkwürdiges Schauspiel, die Ueberraschung, die Unruhe, die Angst dieser armen Amme zu sehen, die sich noch Mutter glaubt, und gedrängt von dem Verlangen, da sie auf ihre lockende und flehende Stimme nicht achten, ihnen mitten in's Wasser hineinzufolgen, aber von einem unbesiegbaren Widerwillen gegen dieses Element zurückgehalten, unentschlossen an dem Ufer hin und herläuft, zittert und in Trostlosigkeit versinkt, da sie ihre ganze Brut in augenscheinlicher Gefahr sieht und den Muth nicht hat, ihr Hülfe zu bringen. Erst nach Wochen, wenn sich diese Angst täglich wiederholt hat, verläßt sie voller Traurigkeit die Enten, da sie des fortwährenden Ungehorsams endlich überdrüssig wird.

Die Menschen haben auch bei Ausbrütung der Vögel der Natur nachzuahmen versucht und es ist ihnen gelungen, durch Beharrlichkeit und sorgsame Pflege ein Gleiches zu erzielen. Die ersten Versuche, welche gelangen, wurden von aegyptischen Landleuten gemacht, und auch jetzt ist es wieder gelungen, Eier trotz der besten Brüterin ausbrüten zu lassen, um eine recht große Menge Küchlein auf ein Mal herauszubringen. Es ist daher besonders zu beachten, diese Eier in einer Luftwärme zu erhalten, die ungefähr der Brütwärme der Henne entspricht, und sie vor Feuchtigkeit und jeder schädlichen Ausdünstung, die auf sie wirken könnte, z. B. der Steinkohlen, Holzkohlen, selbst der verdorbenen Eier, zu bewahren. Verbindet man damit die gehörige Aufmerksamkeit, die Eier öfters umzuwenden und in dem Brütofen oder der Wärmestube die Körbe, welche sie enthalten, umzuwechseln, so daß nicht allein jedes Ei, sondern auch jeder Theil desselben gleichmäßig an der erforderlichen Wärme Theil nimmt, so wird es immer gelingen, Tausende von Küchlein auszubrüten.

Jede Wärme ist geeignet dazu, auch die jedes anderen Thieres, selbst die des Menschen nicht ausgenommen (den ersten Versuch machte Livia; sie wollte aus dem Geschlechte des Küchleins, das aus dem Ei käme, sich das Geschlecht ihres Kindes weissagen lassen; dies Küchlein war ein Männchen und ihr Kind ein Knabe); ebenso die Wärme der Sonne und der Erde, desgleichen jedes Loh- und Mistbeet, wenn nur der Mensch die Wärme gehörig vertheilt, daß sie nicht zu schwach oder zu stark auf die Eier wirkt. Die Brütwärme der Henne beträgt

32 Grad, aber die künstliche Wärme kann zwischen 24 und 38 Grad R. wechseln, und eher kann sie unter als über 32 Grad sein. — Man hat in verschiedenen Ländern (in neuerer Zeit in England) solche großartige Brütöfen angelegt, daß dort täglich eine große Zahl von Hühnern im Winter und Sommer auskommen, die sorgsam gepflegt werden, und wenn sie zum Verkauf geeignet sind, für den Besitzer eines solchen Brütofens einen ganz rentablen Erwerbszweig ausmachen.

Die jungen Hühnchen werden anfänglich mit Hirse, Eidotter, Brotkrume ernährt, später giebt man ihnen Rübsaamen, Hanfsaamen, ausgehülsete Erbsen, Bohnen, Linsen, Reiß, Gerste, Hafer, Weizen und Buchweizen. —

Die Hühner, welche ihre Nahrung vielfach aus dem Erdboden mit ihren Füßen herausscharren, und diese Neigung kann man schon bei den jungen Küchelchen bemerken, heißen deshalb **Scharrvögel**. Sie leben meistens von Körnern, lieben aber auch zerbröckelte Kartoffeln, Fleischstückchen, Gemüse, und namentlich Regenwürmer, Käfer und deren Larven. Wenn in der Nähe eines Gehöftes gegraben oder gepflügt wird, so verfolgen sie mit dem größten Eifer die neuen Furchen, um die bloßgelegten Würmer, Käferlarven und sogar Maikäfer zu verschlucken.

Die Nahrung sammelt sich erst in dem Kropf, einer Art von häutigen Tasche, wo die Körner gebeizt werden und sich zu erweichen anfangen. Dann gehen sie in die Zwischenröhre, welche sich zwischen Kropf und Magen befindet; sie ist mit einer Menge kleiner Drüsen besetzt, welche die weitere Verdauung befördern, die aber erst vollständig in dem Magen vor sich geht. Denn hier wirkt nun der scharfe und zersetzende Magensaft, im Verein der Muskeln, welche den Magen zu einer reibenden Bewegung zwingen, und diese Wirkung ist so kräftig, daß in etwa 4 Stunden selbst Glaskügelchen und andere harte Körper zu Staub verwandelt sind.

Es scheint fast nothwendig zu sein, um die Verdauung bei den körnerfressenden Vögeln zu befördern, daß sie harte Gegenstände in ihrem Magen haben, daher verschlucken sie oft eine Menge kleiner Steinchen und öffnet man einen Hühnermagen, so wird man immer dergleichen finden.

Die Werkzeuge, welche zur Athmung dienen, bestehen in einer, der der Säugethiere ähnlichen, Lunge und zehn Luftzellen, wovon acht in der Brust und zwei größere im Unterleib sich befinden. Letztere stehen mit den ersteren und diese wieder mit der Lunge in Verbindung. —

Wir benutzen nicht bloß die Eier der Hühner, sondern wir genießen auch gern ihr Fleisch, welches noch dadurch verfeinert und schmackhafter gemacht wird, daß man die Hühner entmannt; in diesem Zustande nennt man ein solches Thier „Kapaun." Ein Kapaun wird ungemein fett und ist sehr schmackhaft. Den Hühnern schneidet man den Kamm aus, der übrigens bei der Geburt nicht vorhanden ist, und sich erst mit dem Wachsthum bildet und entwickelt. Manchmal hat man an seine Stelle einen der hervorwachsenden Sporen gesetzt, die nur noch gleichsam Knospen sind; dort aufgepfropft, schlagen sie nach und nach Wurzel, fangen an zu wachsen und erreichen manchmal eine Länge von $2\frac{1}{2}$ Zoll, sind theils gerade, theils krümmen sie sich wie die Hörner eines Widders. Hin und wieder werden solche Hähne oder Hühner mit Hörnern in kleineren herumziehenden Menagerien gezeigt. —

Selten erreicht ein Thier dieser Art, ob Henne oder Hahn, sein natürliches Lebensende, da sie gemeiniglich nach einigen Jahren geschlachtet werden, daher läßt sich das Alter sehr schwer ermitteln; man hat jedoch einzelne Hähne fortleben lassen und gefunden, daß sie 20 bis 30 Jahre alt wurden. Die Hühner möchten aber schwerlich ein so hohes Alter erreichen.

Die Farbe der Hühner ist durch die Cultur so mannigfaltig geworden, daß sich ihre ursprüngliche Farbe nicht mehr erkennen läßt. Aber auch sonst, abgesehen von der Farbe-Verschiedenheit, haben sich noch so verschiedene Schläge gebildet, die durch einzelne Merkmale oder durch die Verschiedenheit ihrer Größe sich unterscheiden, daß es bei der jetzigen Sucht, die namentlich in England herrscht, die Verschiedenheiten zu vervielfachen, schwer ist, alle Schläge aufzuzählen. Wir begnügen uns daher, die Sorten, welche Büffon schon nennt, hier aufzuzählen. — Er nennt uns, außer dem gemeinen Hahn, den gehaubten Hahn, den wilden asiatischen Hahn, der wahrscheinlich der Stammvater der meisten Schläge ist, den Akoho oder Hahn von Madagaskar, das Zwerghuhn von Java, das Huhn von der Erdenge von Darien, das Huhn von Kamboye, den Hahn von Bantam, das indische Halbhuhn, den englischen Hahn, den türkischen Hahn, den hamburger Hahn (auch Seidenhose genannt), den gekräuselten Hahn, das japanische Flaumhuhn, den Negerhahn, den Hahn ohne Bürzel oder den persischen Hahn, das Huhn mit 5 Zehen (3 stehen nach vorn 2 nach hinten; einzelne haben sogar 6), das sansevarische Huhn und der Caurner oder Paduaer Hahn.

Die Hühner wurden, sowie die Tauben, Pfauen, Enten und

Gänse, schon frühzeitig gezähmt. Die ältesten Nachrichten darüber haben wir von den Aegyptern, und schon Herodot spricht von den oben erwähnten künstlichen Brütöfen. Und es ist in der That etwas Großes, daß der Mensch diese Vögel aus den einsamen Wäldern, welche die verwandten Arten noch jetzt bewohnen, hervorlocken konnte, um sie zu zähmen, und sie, die doch Standvögel sind, über die ganze Erde zu verbreiten.

Die Stammart unserer Haushühner entdeckte man erst in neuerer Zeit in Ostindien, und zwar auf Java, Sumatra und in Cochinchina. Es ist das Bankivische Huhn (Phasianus Bankiva). Früher hatte man die Ansicht, und zwar schon seit der Zeit der Blüthe Griechenlands, daß die Hühner aus Persien stammten.

Auffallend ist es, daß in den Schriften des alten Testaments die Hühner nirgends erwähnt werden, obgleich die Israeliten die Hühnerzucht schon in Aegypten kennen gelernt haben mußten. Sie scheinen erst zu Salomo's Zeiten mit den Pfauen aus Indien nach Palästina gekommen zu sein. In Jerusalem durften sie zwar nicht gehalten, wohl aber verspeist werden; also war ihre Zucht auf dem Lande nicht verboten.

Die Römer wußten natürlich ihre Tafel auch mit Hühnern und Eiern zu besetzen. Selbst schon die Kapaunen waren bei ihnen sehr beliebt und die Sitte, die Hühner zu kastriren, hatten sie von den Griechen gelernt.

Nach Frankreich und Deutschland sollen die Hühner zuerst durch einen Bischof Martin im 4ten Jahrhundert gekommen sein. Karl der Große schenkte den Hühnern große Aufmerksamkeit und hielt sie auf seinen Mustergütern in großer Menge. Später, wo Abgaben an Kirchen und Klöster aufgelegt wurden, spielten die Hühner und ihre Eier eine Hauptrolle. Jetzt ist die Hühnerzucht, wie bekannt, so ausgedehnt, daß man in Dörfern kein Haus mehr findet, in dem nicht einige Hühner den Bewohnern ihre Eier liefern.

Auch Amerika hat seine Hühner aus Europa erhalten und auch dort, wie überall, ist ihre Ausbreitung sehr schnell vorgerückt, daß jetzt sogar viele Tausend Eier ausgeführt werden.

Die Verwandtschaft der Henne hat mehrere prächtige und stolze Vögel aufzuweisen. Wir nennen zuerst das Perlhuhn. Seine Heimath ist Nordafrika; es hat sich aber wegen seines nicht geringen Nutzens auf manchem Flügelhof eine neue Heimath gegründet. Die Truthühner oder die Puten stammen aus Nordamerika. Sie wurden im 16ten Jahrhundert erst entdeckt, darauf gezähmt und nach Spanien gebracht, von wo sie sich immer weiter verbreitet haben.

Ein sehr schöner Vogel, der uns jedesmal, so oft wir ihn sehen, durch die Farbenpracht seiner Federn entzückt, und unsere Bewunderung erregt, wenn er seinen Schwanz hoch aufrichtet und entfaltet, ist der Pfau, eine wahre Zierde unserer Höfe. Seine Heimath ist Asien.

Die Fasanen sind ein Leckerbissen auf reich besetzten Tafeln. Sie werden dazu besonders gemästet. Man unterscheidet drei Arten und zwar den böhmischen Fasan, dessen Heimath Kleinasien ist, der aber jetzt in den Wäldern Böhmens verwildert lebt; ferner den Silber-Fasan und den Gold-Fasan. Alle drei Arten haben einen prächtigen langen Schwanz.

Die bisher genannten Vögel haben sich alle unter der menschlichen Herrschaft gebeugt und sich in seinen Schutz begeben; sie sind Hausthiere geworden. Außerdem aber gehören zur Hühner-Verwandtschaft noch ebenso schöne Vögel, die ihren Naturzustand noch kennen. So der Junovogel. Er wurde erst 1790 auf der Insel Borneo aufgefunden. Es fehlen ihm zwar die schönen Bürzelfedern, er hat aber dennoch ein sehr schönes und weiches Gefieder, das sich wegen seiner Daunen sehr gut zu Bettfedern eignet.

Die Schweifhühner leben in Hinterasien und Neuholland. Ausgezeichnet ist ihr Schwanz, von dem zwei Federn sich ungemein verlängert haben und die so gestellt sind, daß sie eine Leierform bilden; deshalb nennt man diese Thiere auch Leiervögel.

Desgleichen gehören hierher die Waldhühner mit ihren zahlreichen Arten. Wir nennen davon den Auerhahn, den Birkhahn, das Haselhuhn, welches vorzugsweise um Petersburg lebt, das Schneehuhn, das Steinhuhn und das Rothhuhn.

Die Feldhühner, wozu das Rebhuhn gehört, und die Wachteln schließen sich gleichfalls dieser Verwandtschaft an. — Zuletzt nennen wir noch die Tauben, welchen wir aber in dem folgenden Abschnitte eine weitere Betrachtung widmen wollen.

X. Die Taube.

Es war leichter, schwerfällige Vögel, wie die Hühner und ihre Verwandten zu Hausthieren zu machen, aber die Tauben, die ungemein flüchtig sind, erforderten mehr Sorgfalt und Achtsamkeit, um sie an das Haus zu gewöhnen. Für die Hühner braucht man keine Einrichtungen zu treffen, welche besondere Sorgfalt erforderten, Viehställe mit angebrachten Stangen genügen; aber um die Tauben anzulocken, zurückzuhalten und unterzubringen, sind hohe, planmäßig aufgeführte, auswendig gut bekleidete und inwendig mit zahlreichen Zellen versehene Thürme und Gebäude, oder besonders dazu eingerichtete Taubenschläge nöthig. Die Tauben sind eigentlich nicht wirkliche Hausthiere; sie sind vielmehr freiwillige Gefangene, flüchtige Gäste, die sich in dem ihnen gebotenen Obdach so lange aufhalten, als es ihnen dort gefällt, und wo sie reichliche Nahrung, angenehmes Lager, alle Bequemlichkeiten, alle zum Leben nöthigen Erleichterungen vorfinden. Werden sie in ihrem Schlage durch irgend ein Ereigniß, vielleicht durch das Eindringen eines Marders, beunruhigt, so entfernen und zerstreuen sie sich, um anderswo ein sichereres Obdach zu suchen. Manche ziehen beständig die staubigen Löcher des alten Gemäuers den reinlichen Nestern unserer Taubenhäuser vor; andere übernachten und nisten in Spalten und hohlen Baumstämmen; ja, noch andere scheinen unsere Wohnungen sogar zu fliehen und Nichts kann sie dahin locken, während wieder andere sie nicht zu verlassen wagen, nie wegfliegen, sondern um den Taubenschlag herumschwirren, und beständig gefüttert sein wollen. — Jetzt giebt es unter den Tauben so unendlich viel Abweichungen und Nüancirungen, daß man glauben möchte, sie stammten von einer Menge verschiedener Arten ab. Dies ist aber nicht der Fall. Alle Taubensorten stammen von der wilden oder Felsentaube ab. Die Hauptgruppen der mannigfaltigsten Taubensorten sind: 1) die Ringeltaube, 2) die Holztaube, 3) die Turteltaube, 4) die wilde oder Felsentaube, von denen die drei ersten auf Bäumen in unseren Wäldern, die vierte aber in Felsen und alten Gemäuern ihr Nest macht. Erst aus der Zähmung der Felsentaube erhielten wir nach und nach die verschiedenen Abarten und es giebt unter den gezähmten in der That noch Sorten, welche der Felsentaube in ihren Eigenheiten gleichen.

Die Felsentaube wird uns auf eine unverkennbare Weise durch unsere Feldflüchter dargestellt. Sie bilden die erste und deutlichste Uebergangsstufe auf ihrer Rückkehr in den Naturzustand. Obwohl im Zustande der Hausgenossenschaft erzogen, obwohl dem Scheine nach wie die anderen an eine feste Behausung, an gemeinsame Lebensweise gewöhnt, verlassen sie die Behausung und entfliehen, um sich in Felsenklüften niederzulassen; sie kehren, durch ihren Naturtrieb geleitet, in ihren Naturzustand zurück. Andere, wenig muthig, aber dennoch ihre Freiheit liebend, flüchten in einsame Mauerlöcher oder in einen wenig besuchten Thurm; und ungeachtet der Gefahren, welche ihnen durch ihre Feinde: den Wiesel, die Ratten, den Steinmarder, das Käuzchen, drohen, und ungeachtet der Oede dieser Oerter, wo es ihnen an Allem gebricht, von wo aus sie ihre Nahrung erst mit großer Mühe suchen müssen, bleiben sie beständig in der unbequemen Wohnung und kehren nicht wieder dahin zurück, wo sie geboren und groß gezogen wurden. Weil sie die Höhen und Berge lieben, so hat man sie auch Bergtauben genannt. Sie bilden die zweite Uebergangsstufe. — Die Alten kannten nur die wilden Tauben, die sie Oinas oder Vinago nannten, unsere Holztaube aber erwähnen sie nicht. In allen Ländern, in denen es Haustauben giebt, von Schweden an bis in die warmen Länder, giebt es auch Felsentauben; dagegen finden sich die Holztauben in den kalten Ländern nicht, und in den gemäßigten halten sie sich nur während des Sommers auf; in Burgund, in der Champagne und den anderen nördlichen Provinzen Frankreichs kommen sie gegen das Ende des Februar und im Anfange des März schaarenweise an, lassen sich in den Wäldern nieder, nisten dort in Baumhöhlen, legen 2 bis 3 Eier im Frühling und wahrscheinlich zum zweiten Male im Sommer; so oft sie legen, ziehen sie nur 1 bis 2 Junge auf, und im November ziehen sie wieder zurück. Sie nehmen ihren Weg gegen Süden und begeben sich vermuthlich durch Spanien nach Afrika, um dort zu überwintern.

Die dritte Uebergangsstufe bilden unsere Haustauben, die ihre Wohnung nicht verlassen, und nur ausfliegen, um sich zu sonnen, oder in den benachbarten Feldern Nahrung zu suchen. Sie fliegen alsdann truppweise. Meistens brüten sie drei Mal im Jahre. Aber die ersten, die Flüchtlinge und Ausreißer befinden sich unter ihnen und daraus erkennen wir, daß noch nicht alle ihren ursprünglichen Naturtrieb verloren haben, und daß der Mensch noch nicht vermocht hat, ihn gänzlich zu verwischen.

Die letzte Uebergangsstufe sind die dicken und kleinen Schlagtauben, die seit undenklichen Zeiten Hausthiere sind. Bei ihnen ist der Freiheitstrieb schon gänzlich verschwunden. Da sie seit langer Zeit Hausthiere sind, so haben sich fast unzählige Abarten durch häufigere Vermischungen gebildet, und der Mensch hat durch die Veredlung ihrer äußeren Formen gleichzeitig ihre inneren Eigenschaften verändert. Sie sind meistentheils größer und schöner als die gemeinen Tauben, außerdem noch fruchtbarer, fetter und wohlschmeckender. Sie legen öfters 10 bis 12 Mal im Jahre, fast immer 2, selten 3 Eier und ziehen fast nie mehr als zwei Junge auf, unter denen gewöhnlich ein Männchen und ein Weibchen ist. Nie mehr verlassen sie die Umgebungen ihres Hauses und müssen Jahr aus Jahr ein gefüttert werden. Der drückendste Hunger treibt sie nicht nach Nahrung aus, und sie kommen lieber um, ehe sie nach Futter suchen. Sie sind gewöhnt, es täglich vorgeworfen zu erhalten.

Die Felsentaube hat dieselbe Größe wie unsere Haustaube, ist aber von bräunlicher Farbe. Die verschiedensten Färbungen unserer Haustauben, von dem schneeigsten Weiß, durch alle Farbenmischungen hindurch, bis zu dem Blauschwarz, sind freilich durch die Pflege und Aufmerksamkeit des Menschen erst entstanden. Zuerst bevölkerte er seinen Taubenschlag mit braungefärbten Felsentauben; von den jungen Tauben, welche sie in der Gefangenschaft ausbrüteten, fanden sich einige, die in der Größe, Form und Farbe etwas abwichen. Daraus wurden die größesten, seltensten und schönsten ausgewählt und von dem gemeinsamen Haufen getrennt und in der Zukunft diejenigen nur vereinigt, welche die schönsten, aber am meisten Nutzen bringenden schienen. Dadurch wurde es möglich, so viele Abarten zu erzielen, und da man sie besonders pflegte, auch in diesem Zustande zu erhalten.

Sie sind nicht allein in ihrer Farbe und ihrem Federwuchs verschieden, sondern auch in ihrer Größe. Die reinen Schläge der Haustauben zerfallen in folgende Varietäten: 1) die Kröpfer, die durch Einathmung und Zurückhaltung der Luft ihren Kropf sackartig aufblasen können, 2) die Mondtauben, die ebenso wie die römischen, die rauhfüßigen und die Schleiertauben wegen ihrer Fruchtbarkeit am meisten gehalten werden, 3) die Pfauentauben, die ihren breiten Schwanz wie der Puter und der Pfau aufrichten und ausbreiten, 4) die Halskrausentauben oder die Mövchen, 5) die holländischen Helmtauben, 6) die Schwalbentauben, 7) die Karmelitertauben, 8) die Maskentauben, 9) die Schweizertauben, 10) die Tummler und 11) die Drehtauben, von denen die beiden letzten die kleinsten sind und die Gewohnheit haben, sich beständig zu drehen.

Alle diese Varietäten haben wieder unendlich viele Spielarten. Man unterscheidet z. B. bei den Kröpfern: 1) den gelblichweißen Kröpfer, 2) den gestreiften hellgelben Kröpfer, 3) den schneeweißen Kröpfer, 4) den weißen, rauhfüßigen Kröpfer, 5) den gestreift grauen Kröpfer, 6) den eisengrauen, quergestreift grauen und gebänderten

Kröpfer, 7) den gestichelt grauen, silbergrauen Kröpfer, 8) den Hyazinthenkröpfer, 9) den feuerfarbigen Kröpfer, 10) den nußbraunfarbigen Kröpfer, 11) den kastanienbraunen Kröpfer mit ganz weißen Flügelfedern, 12) den Maurenkröpfer, von sammtschwarzer Farbe mit weißen Flügeln und mit weißem Latz, wie der vorige, 13) den schieferfarbigen Kröpfer mit weißem Halsring und weißen Flügeln, und noch viele andere. Ebenso verschiedene Spielarten finden sich bei den anderen Abarten. Es würde uns aber zu weit führen, alle die Namen aufzuzählen, welche die Tauben-Liebhaber für ihre Lieblinge gebrauchen. Wir haben nur zeigen wollen, was der Fleiß und die Sorgfalt des Menschen vermögen, und wie mannigfach es ihm möglich ist, die Natur nach seinen Wünschen zu leiten.

Die Brütezeit der Tauben beträgt 18 Tage, zuweilen 17 und bei kälterer Witterung 19 bis 20 Tage. Das Männchen oder der Täuberich löst sein Weibchen, wenn dasselbe seinen Hunger und Durst stillen will, zwei Mal des Tages, jedesmal etwa 3 Stunden ab.

Mit großer Anhänglichkeit und Liebe hält das Taubenpaar zu einander; wenn sie bei warmem Sonnenschein auf den Firsten der Häuser sich sonnen, dann umtanzt der Täuberich seine Taube, nickt ihr freundlich zu und unterhält sie mit seinem freundlichen Girren. Ein solches Bild stimmt unser Herz jedesmal freudiger und gern schauen wir solchem Treiben zu.

Das Auge der Taube leuchtet Unschuld, und seit undenklichen Zeiten ist sie das Symbol derselben. Sie ist ohne Falschheit und der Erlöser der Welt ruft uns, auf sie hinweisend zu: Seid ohne Falsch, wie die Tauben.

Von keinem Thiere reichen die Nachrichten über die Zähmung so weit hinaus, als von der Taube. Die heilige Schrift theilt uns mit, daß sie schon zu Noah's Zeiten gezähmt vorkam. Bei den Juden nahmen die Tauben unter den Hausvögeln die erste Stelle ein. Schon Abraham hielt trotz seines Nomadenlebens Tauben und Turteltauben, denn Moses sagt im ersten Buche, im 9ten Verse des 15ten Capitels: Gott sprach zu Abraham: Bringe mir eine dreijährige Kuh, und eine dreijährige Ziege, und einen dreijährigen Widder, und eine Turteltaube und eine junge Taube.

Bei den jüdischen Opfern hatten die Tauben den Vorzug vor allem anderen Geflügel. Als z. B. der Herr Christus im Tempel des Herrn dargestellt wurde als Erstgeborner nach der Sitte des jüdischen Volkes, da in ihrem Gesetze vorgeschrieben war: Allerlei

Männlein, das zum ersten die Mutter gebricht, soll dem Herrn geheiliget werden; — brachten sie das Opfer, wie es im Gesetze des Herrn befohlen ist: ein Paar Turteltauben oder zwei junge Tauben.

Desgleichen hatten viele andere Völker des Alterthums die Tauben; so die Phönizier, ferner ihre Abkömmlinge, die Karthager, ebenso die Aegypter. Bei Letzteren war ihre Zucht, wie noch jetzt, nach den ersten Nachrichten schon ganz allgemein. Die Griechen verstanden die Zucht derselben so vortrefflich, daß die Römer Vieles von ihnen darüber kennen lernten. Bei den Römern waren die Turteltauben am meisten beliebt, doch kostete auch ein Paar der Haustauben, wie uns Columella berichtet, 33 Thaler nach unserem Gelde.

Wann zuerst der Deutsche anfing, die Taube zu zähmen, vermögen wir nicht anzugeben. Zur Zeit Karls des Großen waren sie jedoch schon allgemein verbreitet. Ein Schriftsteller berichtet uns aus dieser Zeit: Die Tauben hatten kein Wehrgeld; wer sie auf seinem Acker antraf, konnte sie fangen nach dem Sprichworte:

Die Tauben haben keine Galle,
Sie sind der Menschen alle.

Zur Zeit der Hohenstaufen wurde das Halten der Tauben in einigen Städten, der Unreinlichkeit wegen, untersagt, z. B. in Nürnberg wurden im Jahre 1299 alle Taubenhäuser und fliegende Tauben bei 50 Pfund Strafe verboten.

In den fremden Erdtheilen findet sich die Taube ebenfalls, und selbst auf jener Insel, Helena, die ihre dunklen Basaltkegel, ein Produkt jener Feuersmacht, welche im Erdinnern glüht, dem stürmenden Wogengebraus entgegenstreckt, aber im Innern ein Bild der Ruhe und des Friedens bietet, hat die Taube, das Bild der Unschuld, des Friedens, der Ruhe, der Glückseligkeit und der Liebe eine Heimath gefunden.

Die äußere Erscheinung der Taube zeigt, wie durch obige Darstellung nachgewiesen, bei den verschiedenen Arten keine besondere Abweichung. Der Schnabel, der für jede Vogelart charakteristisch ist, ist schwach, gerade, und nur an der Kuppe (Schnabelspitze) etwas gewölbt. Am Grunde ist er von einer weichen Haut umgeben, in welcher sich die, von einer weichen Knorpelschuppe bedeckten Nasenlöcher finden. Ihre Beine sind sehr kurz, die Zehen, von denen 3 nach vorn, 1 nach hinten gerichtet, sind ganz getrennt, und nur zuweilen sind die äußere und mittlere am Grunde etwas verwachsen.

Die hintere Zehe steht nicht, wie bei den meisten hühnerartigen Vögeln, höher als die andern, sondern sie ist aufliegend. Die Flügel sind lang und spitz, die Spitzen kreuzen sich daher über dem Schwanze; ihr Flug ist sehr rasch, zum Theil auch sehr hoch; sehr oft wenden sie sich im Fluge so schnell, daß sie ein klatschendes Geräusch oder ein Pfeifen in der Luft verursachen. Ihr Schwanz besteht aus 12 Steuerfedern.

Ihre Nahrung picken die Tauben von der Erde auf, scharren aber nicht danach, wie die eigentlichen Hühner. Die Nahrung der Jungen, welche anfangs blind sind, ist ein käseartiger Brei, den die Alten im Kropfe absondern und ausspeien. Später erhalten sie Körner, welche im Kropf der Alten erst aufgeweicht werden.

Obwohl auch eine alte Taube einen recht schmackhaften Braten liefert, so sind es doch besonders die jungen Tauben, welche sowohl gebraten als gekocht zur Suppe eine so feine und zarte Speise sind, daß sie den Gesunden erfreut und den Kranken nach schwer durchlebten Tagen stärkt und kräftigt.

Ein Geschrei hat man noch nie von ihnen gehört, die Art und Weise, wie sie ihre Töne kund geben, besteht in dem schon erwähnten Girren.

Wie zahlreich die Tauben bereits sind, geht daraus hervor, daß man schon über 100 Abarten kennt, und jetzt, wo sie gleich den Hühnern Lieblinge aller vornehmen Engländer und Engländerinnen geworden sind, wird sich ihre Zahl, Schönheit und Größe noch bedeutender vermehren.

XI. Die Gans.

An die Gans und ihre Bedeutung als Hausthier zu denken, hätten wir eigentlich allabendlich Veranlassung. Aber wer thut es? — Wir legen uns in das Bett und denken nicht daran, wie viel Gänse ihr Kleid hergeben mußten, um uns dieses weiche Lager zu bereiten. Und welche Herrschaft ist seit Jahrhunderten vermittelst des Gänsekiels auf der Erde ausgeführt worden, welcher das Werkzeug ist, um unsere Gedanken in die Welt zu schicken! — Doch sind es nicht die Federn der Gans allein, die den Nutzen dieses Thieres für uns hochstellen, auch ihr Fleisch und Fett sind Schuld daran, daß dieser Vogel seit vielen Jahrhunderten dem Menschen unterthan ist.

Die Ernährung der Gans ist nur mit geringen Kosten verknüpft. Man kann sie ohne viele Sorgen aufziehen, denn sie lebt mit unseren Hausthieren in gemeinsamen Räumen. Soll sie aber gut gedeihen, so muß ihre Behausung in der Nähe von Gewässern sein, und von weiten Sandstrecken und Grasplätzen umgeben werden, damit sie dort Nahrung findet und sich frei bewegen kann. Auf die Wiesen treibt man die Gänseschaar, namentlich, wenn die Jungen erst größer werden, nicht gern, weil ihr Koth die dort wachsenden Pflanzen verbrennen soll, oder, was noch mehr zu beachten ist, weil sie dieselben bis zur Wurzel abfressen und ihr Wachsthum verhindern. Daher entfernt man sie auch von der jungen Saat uud treibt sie erst nach der Ernte auf die Felder, wo sie die zurückgebliebenen Aehren und Körner verzehren.

Die Gänse lieben übrigens gewisse Pflanzen vorzugsweise. Die erste Nahrung der jungen Gänse ist ein Gemengsel von Brotkrume oder Kleie und zerschnittenen jungen Pflanzen. In vielen Gegenden sucht man dazu die ersten Keime von dem Honiggrase und später giebt man ihnen zerhackten und mit Kleien vermischten Acker-Schachtelhalm. Wenn sie in's Freie gelassen werden, was schon nach einigen Tagen geschieht, so fangen sie bald selbst an, ihre Nahrung zu suchen. Sie rupfen die jungen Grasspitzen ab und wenn sie vom Hunger gequält werden und die Nahrung ist, vielleicht im ersten Frühjahr, noch sehr kärglich, so arbeiten sie sich an den Grasstengeln oder kleinen Wurzeln, um sie abzurupfen, völlig ab, und manchmal strengen sie sich so sehr an, daß sie sich den Hals verdrehen. — Wenn man die jungen Gänschen füttert, so muß man die Alten entfernen, weil diese ihnen Alles wegfressen, und manchmal mit solcher Gier, daß sie ihre Jungen mit dem Schnabel tödten. — Bei den Gänsen und Enten kommen häufiger Mißgeburten vor; so gab es eine solche mit zwei Leibern und einem Kopf, dann wieder saßen an einem Leibe zwei Köpfe und vier Beine, oder es saßen ihm die Beine auf dem Rücken.

Die Gänse fangen erst im März an zu legen. Doch solche, die besser genährt und gepflegt werden, legen schon im Februar oder gar im Januar, während andere bei kärglicher Nahrung erst im April anfangen. Sie legen alle zwei Tage ein Ei. Jüngere legen nur 6 bis 9, die gewöhnliche Zahl ist 12 bis 15, aber sehr fruchtbare legen sogar 20 und einige. Nimmt man ihnen ihre Eier fort, so fangen sie bald an, von Neuem zu legen, ebenso geschieht es zum dritten und in heißen Ländern sogar zum vierten Male. Ein Nest bauen sie nicht, sondern sie verkriechen sich, wenn sie legen wollen, im Stroh. Wenn sie anfangen, zu brüten, so muß man ihnen erst ein Nest bauen, das sie selber etwas runden und mit einigen Daunen, die sie sich am Bauche ausrupfen, ausfüttern. Die Sorge des Ausbrütens muß die Gans allein übernehmen, denn das Männchen oder der Gänserich kümmert sich darum nicht. Man muß ihn sogar anfänglich, wenn die jungen Thierchen ausgekrochen sind, hüten, weil er sich auf sie stürzt, und durch einen starken Schnabelhieb tödtet. Wenn er sich aber erst an sie gewöhnt hat, dann hilft er sie sorgsam bewachen, damit ihnen von ihren Feinden, besonders den Krähen, welche zu dieser Zeit Junge haben und Nahrung für dieselben suchen, kein Leid geschehe.

Die Gans brütet so anhaltend, daß sie darüber Essen und Trinken vergißt, wenn man ihr das Futter nicht ganz nahe an's Nest stellt; aber die Eier erfordern auch viel Wärme und entfernt man sie ja einmal vom Nest, so muß man die Eier sorgfältig bedecken. In manchen Gegenden läßt man die ersten Eier von Hennen ausbrüten, denen man aber, wenn sie gehörig bedeckt sein sollen, nicht mehr als fünf unterlegen darf, um eine zweite und dritte Hecke von der Gans zu erhalten, was auch öfters gelingt. — Die Brütezeit dauert in der Regel 28 bis 30 Tage, doch hat man schon bei sehr gelinder Witterung nach 25 Tagen Junge erhalten.

Die übermäßige Beleibtheit, welche die Gans leicht bekommt, und die man ihr absichtlich zu geben sucht, bewirkt in ihrem Innern mancherlei Veränderungen. Namentlich erleidet das Blut eine bedeutende Veränderung, das zuletzt zu einer weißen Flüssigkeit wird, aber auch bald den Tod herbeiführen würde, wenn man das Thier nicht sogleich schlachtete. Die Leber bekommt eine bedeutende Größe und wird wegen ihres feinen und angenehmen Geschmacks ungemein geschätzt. Schon die Römer waren Liebhaber davon. Sie fütterten die Gänse mit Feigen, um ihr Fleisch schmackhafter zu machen. Desgleichen sperrten sie sie in einen engen und dunklen Raum, weil sie wußten, daß sie dadurch schneller fett wurden. Später artete die Genußsucht zur wahren Grausamkeit aus, denn es gab Zeiten, wo man diesen unglücklichen Thieren die Füße festnagelte und ihnen die Augen zunähete, während man sie mit Klößchen (Nudeln) vollstopfte und sie zu trinken verhinderte, um sie in ihrem Fett zu ersticken. Ein gewisser Porta machte sogar den Vorschlag, um eine Gans recht schmackhaft zu machen, sie lebendig zu braten und sie Glied für Glied zu essen, während das Herz noch schlage.

Die gewöhnlichere und menschlichere Art, sie zu mästen, ist, daß man sie einen Monat lang einsperrt und mit Hafer füttert; ein Scheffel reicht hin, um sie fett zu machen. Wenn sie gehörig gemästet sind, so haben sie (das beste Erkennungszeichen dafür) unter jedem Flügel ein sehr merkliches Klümpchen Fett.

Das Fett der Gänse ist eine beliebte Speise auf Brot gestrichen. Schon von den Alten wurde es als Mittel gegen Nervenkrankheiten und als Schönheitsmittel für die Frauen hoch geschätzt, da es die Frische der Haut bedeutend hervorhebe. Das Gänsefleisch oder vielmehr der Gänsebraten ist eine sehr beliebte, freilich theure Speise, aber schon unsere Vorfahren schätzten sie sehr hoch und aus alter Zeit rührt die Sitte, am St. Martinstage eine Martinsgans zu verzehren.

Die Landleute achteten schon seit lange auf den Brustknochen, denn wenn derselbe hell gefärbt war, so prophezeiheten sie einen rauhen, und wenn er gefleckt oder bräunlich gefärbt war, einen milden Winter, und noch jetzt ist er das Orakel der Hirten und alten Frauen in vielen Dörfern.

Das Geschätzteste und Werthvollste, was uns aber die Gänse liefern, sind ihre Federn. Sie werden deshalb öfters als einmal im Jahre gerupft. Sobald die Jungen stark und gut befiedert sind, und die Schwungfedern sich über dem Schwanze kreuzen, so rupft man sie unter dem Bauche, unter den Flügeln und am Halse. Dies geschieht noch zwei Mal und dann werden sie eingesperrt und gemästet. Auch die Zuchtgänse rupft man etwa fünf Wochen nach der Brütezeit und wiederholt es, sobald die Federn wieder gewachsen sind. Freilich werden ihnen immer nur einige Federn genommen, weil ihnen entweder die Kälte oder die Hitze schaden würde, oder sie würden nicht so viel Kraft haben, daß sich ihre Federn sämmtlich wieder entwickeln könnten. In den nördlichern Gegenden sind die Federn besser und weicher. Die Römer schätzten deshalb die deutschen Federn sehr und dies war mehrere Male die Ursache der Nachlässigkeit der römischen Soldaten, welche in diesem Lande Wache halten sollten; denn sie gingen in ganzen Cohorten davon auf die Gänsejagd.

Die Ausdauer der Gänse ist bedeutend; obwohl ihr Gang langsam, schief und schwerfällig aussieht, so führt man dennoch große Heerden derselben in kleinen Tagemärschen sehr weit. Plinius berichtet uns, daß man sie zu seiner Zeit aus dem Innern Galliens nach Rom geführt habe. Auf diesen langen Zügen hatten sich die ermüdetsten in die vordersten Reihen begeben, um von dem ganzen Schwarme fortgestoßen zu werden. Noch enger drücken sie sich in der Nacht zusammen, werden durch das leiseste Geräusch aufgeweckt, und alle erheben zu gleicher Zeit ein lautes Geschrei. Desgleichen erheben sie ein Geschrei als Ausdruck der Freude, wenn man ihnen Futter giebt. Daher sagt schon Columella, die Gänse seien die besten und sichersten Wächterinnen des Gehöftes, während ein Anderer sie für die wachsamste Schildwache ausgiebt, die man in einer belagerten Stadt aufstellen könnte. Jedermann weiß, daß die Gänse des Capitols die Römer vor dem Angriff, den die Gallier versuchten, warnten, und daß dieses Rom rettete; deshalb bestimmte der Censor jährlich eine Summe zum Unterhalt der Gänse, während man an dem Jahrestage genannter Begebenheit auf einem öffentlichen Platze Hunde peitschte, wie zur Züchtigung für ihr sträfliches Schweigen in einem so entscheidenden Augenblick.

Das Geschrei der Gans, das sie oft hören läßt, ist stark und weithin schallend, gleich einem Trompeten-Geschmetter. Außerdem hat sie noch einen anderen Ton, den sie fast immer hören läßt und den man mit der Benennung „Geschnatter" bezeichnet. Wird sie aber angegriffen oder erschreckt, so giebt sie mit vorgestrecktem Halse und aufgesperrtem Schnabel ein Zischen von sich, das man mit den ausgestoßenen Tönen einer Blindschleiche vergleichen kann.

Das Warnungs- oder Lockgeschrei wiederholt die Gans sehr oft und wird meistens durch ein allgemeines Zurufen vom ganzen Schwarm beantwortet. Ihr Geschnatter läßt sie selbst öfters noch während des Schlafes hören, und deshalb ist ihre Schwatzhaftigkeit sprichwörtlich geworden und man vergleicht damit die unerträgliche Schwatzhaftigkeit mancher Leute: „Ein wahres Gänschen" oder „dumm wie eine Gans" sind die Bezeichnungen für solche Menschen.

Wenn sie oder ihre Brut angegriffen wird, so vertheidigt sie sich und ihre Jungen mit dem größesten Muthe und verschafft sich dadurch manchmal den Sieg.

Gegen Wohlthäter beweisen die Gänse eine fast leidenschaftliche Anhänglichkeit, und man hat Beispiele gehabt, daß sie, wenn sie von ihrem Freunde oder ihrer Freundin gewaltsam getrennt wurden, darum trauerten und starben.

Die Gänse zerfallen in zwei Schläge oder Sippschaften, wovon die eine, seit langer Zeit gezähmt, unsere Wohnstätten lieb gewonnen hat und durch unsere Fürsorge fortgepflanzt und verändert worden, während die andere, weit zahlreichere frei und wild geblieben ist. Zwischen der zahmen und wilden Gans findet man keine anderen Unterschiede, als was Ruhe in der Genossenschaft bei dieser und der Kampf in der Natur bei jener hervorzubringen vermochte. Die wilde Gans ist mager und leichter gebaut als die zahme, sie hat einen bräunlich grauen Rücken und einen weißlichen Bauch. Der ganze Körper ist fuchsröthlich, weiß gewölkt und die Spitze jeder Feder weiß gefranzt. Bei der zahmen Gans hat sich diese fuchsröthliche Farbe ganz verändert, und ist in's Braune oder Weißliche übergegangen und bei den ganz weißen sogar gänzlich verschwunden.

Die Zähmung der Gänse ist nicht so alt und hat bei Weitem nicht den Grad erreicht, wie bei den Hühnern. In Ländern, wo man sie in großer Menge aufzieht, besteht alle Sorge, die man während der wärmeren Jahreszeit auf sie verwendet, darin, daß man sie des Abends zum Gehöfte zurückruft oder zurücktreibt und ihnen stille Plätzchen zum Brüten überläßt. Im Winter giebt man ihnen einen wärmeren Aufenthaltsort und hinreichendes Futter, und dieses reicht hin, in ihnen Anhänglichkeit an ihre Wohnstätte zu erwecken und sie vom Davonfliegen abzuhalten. Die übrige Zeit genießen sie ein ganz unabhängiges Leben, das ihnen alle Vortheile der Freiheit gewährt, als Stärke der Körperbeschaffenheit, Dicke und Reinheit des Gefieders, Kraft und Ausdauer im Fluge. In einigen Gegenden giebt es sogar Gänse, die den ganzen Sommer hindurch wirklich wild, nur für den Winter zahm werden. Der Reisende Sanchez erzählt Folgendes darüber:

Im Herbst 1736 reisete ich von Azof ab; unwohl und außerdem in Furcht, von den Kubantartaren aufgehoben zu werden, entschloß ich mich, längs dem Ufer des Don hinaufzuwandern, um jede Nacht in einem Dorfe der der russischen Herrschaft unterworfenen Kosaken zu schlafen. Von den ersten Abenden an bemerkte ich in der Luft sehr viele Gänse, die sich auf den Wohnungen niederließen und verbreiteten; besonders am dritten Tage sahe ich um Sonnenuntergang so viele, daß ich mich bei den Kosaken, bei denen ich den Abend mein Nachtlager nahm, erkundigte, ob die Gänse, die ich sähe, zahme wären, und ob sie, wie es mir nach ihrem hohen Fluge schien, von Weitem herkämen. Erstaunt über meine Unwissenheit antworteten sie mir, diese Vögel kämen von den Seen, die weit entfernt nach Norden hin lägen, und jedes Jahr, wenn es aufthauete, während der Monate März und April, kämen aus jedem Hause der Dörfer 6 bis 7 Paar Gänse, die alle zusammen ihren Aufflug nähmen und verschwänden, um erst im Anfange des Winters, wie man in Rußland rechnet, d. h. beim ersten Schnee zurückzukehren. Alsdann kämen diese Schwärme, zuweilen um das Hundertfache vermehrt, an; sie theilten sich, und jede Bande suchte mit ihrer jungen Nachkommenschaft das Haus auf, worin sie während des vorigen Winters gelebt hätte. Dieses Schauspiel hatte ich beständig gegen Abend drei Wochen lang; die Luft war mit unzählig vielen Gänsen angefüllt, die man sich in Haufen theilen sah; die Mädchen und Frauen standen in ihren Hausthüren, betrachteten sie und sagten sich: „da sind meine Gänse, da sind die Gänse des und des Mannes;" und jeder dieser Haufen kehrte wirklich in den Hof ein, in dem er den vorhergegangenen Winter zugebracht hatte. Erst als ich nach Nowa Poluska kam, wo der Winter schon ziemlich stark war, sahe ich diesen Vogel nicht mehr.

Die wilden Gänse sind **Wandervögel**. Wenn der Winter in den nördlichern Gegenden eintritt, so beginnen sie ihre Wanderung, um in wärmeren Gegenden die Zeit ihrer Rückkehr abzuwarten. Merkwürdig ist es, daß man in derselben Zeit von zahmen Gänsen diese Reiselust durch ihre Unruhe und häufiges und weites Fliegen kund geben sieht.

Der Flug der wilden Gänse ist immer sehr hoch, und nur an nebligen Tagen fliegen sie so niedrig, daß man sie schießen kann. Ihre Wanderung geschieht in der größesten Ordnung, während die anderen Wandervögel in verworrenen Schwärmen ordnungslos fortziehen. Sie fliegen in der Regel in einem Winkel; eine bildet die Spitze und dahinter fliegen zwei, denen die übrigen genau hinter einander folgen, oder, ist die Anzahl sehr klein, so bilden sie nur eine einzige Reihe. Der Häuptling, der an der Spitze des Winkels fliegt und zuerst die Luft durchschneidet, begiebt sich, wenn er ermüdet ist, nach der hintersten Stelle, um auszuruhen, und die andern nehmen der Reihe nach die erste Stelle ein. Von Zeit zu Zeit läßt eine einzelne Gans den bekannten Lockruf ertönen.

Die Art und Weise, wie die Wandervögel ihre Reise ausführen, bietet in der That viel Interesse dar. Sie vereinigen sich, wenn sie die Reise antreten und vertheilen sich wieder, wenn sie dieselbe beendet haben und alljährlich bieten uns in dieser Art, freilich nur im Kleinen, die Störche das sinnigste Schauspiel. Auch die Gänse haben gewisse Punkte, wo die Vereinigung und Trennung Statt findet. Die Alten haben den Taurus als den Trennungsort für die Schwärme der Gänse im ganzen Kleinasien, und den Stella, jetzt Cassonossi (Gänsefeld) als den Ort angegeben, wohin sich im Spätjahr erstaunlich große Schwärme dieser Vögel begeben, die sich von da aus nach allen Gegenden Europa's zu zerstreuen scheinen.

Mehrere dieser kleinen Schwärme vereinigen sich auf's Neue und bilden größere, die bis zu 400—500 Stück zählen. Sie lassen sich, wenn sich der Hunger bei ihnen einstellt, zuweilen im Winter auf die Saatfelder nieder, und richten durch Abfressen des Getreides, das sie selbst unter dem Schnee hervorscharren, großen Schaden an. Glücklicher Weise führen sie während der Wanderung ein sehr unstätes Leben, sie bleiben nur kurze Zeit an einem Orte, und kehren nicht leicht nach derselben Gegend zurück. Den ganzen Tag bringen sie auf dem Lande, in den Feldern oder auf den Wiesen zu, aber jeden Abend begeben sie sich regelmäßig auf das Wasser der Flüsse oder der größeren Teiche; dort bringen sie die ganze Nacht zu.

Die Unbeständigkeit in ihrem Aufenthalt, verbunden mit einem sehr feinen Gehör, und ihr mißtrauisches Umherspähen macht ihre Jagd sehr schwierig. Die Jäger sehen sich genöthigt, jede List anzuwenden, um sie zu überraschen. Im Winter, wenn die Erde mit Schnee bedeckt ist, ziehen sie über ihre Röcke weiße Hemden an; zu anderen Zeiten bekleiden sie sich mit Zweigen und Blättern, so daß sie wie ein wandelnder Busch aussehen; sie gehen selbst so weit in ihrer Verkleidung, daß sie sich in eine Kuhhaut stecken, und auf ihre Flinte gestützt, wie ein vierfüßiges Thier gehen. Dennoch reichen oft solche Vermummungen nicht hin, um ihnen selbst während der Nacht nahe zu kommen. Die Jäger behaupten, daß immer eine mit gestrecktem Halse und aufgerichtetem Kopfe Schildwache halte, und bei der geringsten Gefahr die Schaar aufschrecke. Ist er ihnen freilich so nahe gekommen, daß sein tödtliches Blei sie erreichen kann, dann müssen mehrere ihr Leben aushauchen, denn wenn sie auch zu entfliehen suchen, so gelingt es ihnen nicht sogleich, und sie müssen immer erst drei bis vier Schritte laufen, ehe sie ihren schweren Körper in die Lüfte schwingen können.

Ihre Wanderung beginnen sie erst, wenn die See'n und Teiche zufrieren und der kalte Winter sie vertreibt. Ist die Witterung milde, dann harren sie selbst während des Winters aus. Die heißen Erdstriche und selbst die gemäßigten Länder besuchen sie nur während der Zeit ihrer Wanderung. Einige nur nisten in England, Schlesien und in den Ländern der Nord- und Ostsee, eine größere Menge nistet in einigen Bezirken Großpolens und Lithauens, der größeste Theil aber zieht möglichst weit nach Norden. Sie finden sich in ungeheuren Schaaren auf Spitzbergen, in Grönland und den Ländern der Hudsonsbai, wo ihr Fett und sogar ihr Koth für die Bewohner jener eisigen Gegenden ein Nahrungsmittel sind. Ebenso giebt es zahllose Schwärme auf den Teichen und Flüssen Lapplands, sowie in den Ebenen von Mangasen längs dem Jeniska, in mehreren anderen Theilen Sibiriens bis nach Kamtschatka hin, wo sie im Mai ankommen und erst im November, wenn sie genistet und gebrütet haben, wieder abziehen.

Die Gänse gehören zu den Schwimmvögeln. Ihre Zehen sind, und zwar die drei vorderen, mit einer Haut, die man Schwimmhaut nennt, verbunden. Ihr Gefieder ist sehr dicht und fettig, damit das Wasser nicht hindurchdringen kann. Sie bestreichen ihre Federn auch sehr oft mit dem Fett, welches die Fettdrüse auf dem Bürzel (Schwanz) enthält, und das sie mit dem Schnabel ausdrücken. Ihr Schnabel ist am Grunde hoch, nach vorn aber verengt; das Schnabelblättchen ist nur unvollkommen entwickelt. Der Rand des Schnabels ist mit Erhöhungen verziert, welche sich als stumpfe, kegelförmige Zähne darstellen. Der Hals und die Beine sind bei ihnen nur mäßig lang. Sie schwimmen nicht viel, tauchen auch nicht, wie die meisten Schwimmvögel, sondern „gründeln" nur zuweilen wie die Enten, indem sie ihren Kopf in's Wasser stecken, den Schwanz in die Höhe richten, sich dabei durch ein fortwährendes Rudern der Beine im Gleichgewicht halten, und so ihre Nahrung vom Boden der Gewässer heraufholen.

Wenden wir der Geschichte der Gans noch einige Blicke zu. Ueber den Anfang ihrer Zähmung haben wir gleichfalls keine Nachrichten, da sie über den Anfang aller Geschichte hinausreicht. In der Bibel findet sie keiner Erwähnung, obgleich während des Winters eine Menge wilde Gänse die beiden nördlichen Seen des gelobten Landes beleben. Wohl aber unterschieden schon die alten Aegypter zahme und wilde Gänse; sie waren bei ihnen hochgeehrt und der Göttin Isis geheiligt. Ebenso wurden sie in Griechenland der Isis geopfert, und zwar von den Aermeren, die sie wegen ihres geringeren Preises eher als das zum Opfer eigentlich bestimmte Perlhuhn kaufen konnten. Die Römer haben wir als ausgezeichnete Gänsezüchter bereits erwähnt. Ebenso war bei den Galliern die Gänsezucht nicht minder bedeutend; sie lieferten viele dieser Thiere nach Rom. In Deutschland war es wiederum Karl der Große, der die Gänsezucht durch seine Musterwirthschaften in Aufnahme brachte; desgleichen sorgten die Hohenstaufen für ihre Ausbreitung, und sie wurden damals schon als Zins entrichtet. — In Amerika ist ihr Gedeihen vom besten Erfolge gewesen, und jetzt liefert es viele Tausende zurück nach Europa, denn amerikanische Gänse sind auf dem Markte London's keine Seltenheit mehr. — Nach Australien wurde sie durch Bougainville gebracht. Als derselbe 1768 Taiti besuchte, übergab er dem Häuptlinge Ereti Gänse, Enten und ein Paar welsche Hühner, um solches Geflügel ziehen zu können. — Ihre Verwandtschaft werden wir bei der Ente kennen lernen, da auch diese zu den Schwimmvögeln gehört.

XII. Die Ente.

Es war gewiß eine schwierige Aufgabe für den Menschen, einzelne Bewohner der Lüfte, wie die Tauben, zu zähmen, aber gewiß noch schwieriger war es, solche zahm zu machen, die zugleich ihre Zuflucht auf das Wasser nehmen konnten, wie die Gans, oder sich wohl gar auf längere Zeit in die Fluth hinabtauchten, sich dort fortbewegten, an einer ganz anderen Stelle wieder zum Vorschein kamen und dem menschlichen Späherblicke leicht entschwanden, wie es die Ente thut. Aber seine unermüdliche Ausdauer und die unaufhörlich angestellten Versuche haben endlich den Sieg davon getragen. Er hat es vermocht einen Theil dieser Vögel, mit den aufgezählten Eigenschaften ausgestattet, zu zähmen und sich dienstbar zu machen.

Eier, die auf dem Wasser mitten unter dem Schilf und dem Rohr weggenommen und einer fremden Mutter, wie noch jetzt, vielleicht der Henne, die sich ihrer annahm, zum Ausbrüten gegeben wurden, haben zuerst wilde, scheue flüchtige Thiere auf unsern Geflügelhof gebracht, die eine ewige Unruhe trieb, ihre Freiheit wieder zu gewinnen. Aber strenge Wachsamkeit hielt sie zurück. Es gelang, daß diese in der Gefangenschaft Eier legten und Junge ausbrachten. Die Letzteren hatten schon wieder mehr von der natürlichen Wildheit verloren und nach und nach gelang es, die späteren Nachkommen immer zahmer zu machen, bis man sie wieder in's Freie lassen konnte und sie dennoch nach ihrem gewöhnlichen Aufenthaltsorte zurückkehrten. Sie hatten ganz und gar die Wildheit ihrer Voreltern vergessen.

Doch haben wir nur einen kleinern Theil der Enten gezähmt, der sich seit langer Zeit auf unseren Höfen fortpflanzt und eine der nützlichsten und zahlreichsten Familien unserer Hausvögel bildet; der andere, weit ausgebreitetere Theil, flieht uns aber beständig, hält sich auf unseren Gewässern auf, und nistet auch hier, findet sich aber in weit größerer Menge im hohen Norden, um fern von der Gesellschaft des Menschen seine Nachkommenschaft zu vermehren.

Wie die Gänse, so machen auch die wilden Enten alljährlich, durch große Kälte vertrieben, eine Wanderung nach den wärmeren Gegenden. Auch sie fliegen meistens sehr hoch, in schiefen Linien oder regelmäßigen Winkeln, die gleicher Weise eine sehr regelmäßige Anordnung zeigen. Sie wandern von einem Teich zum andern, wo ihrer schon theils die Jäger, theils ihre aufgestellten Netze erwarten. Vom Norden zogen sie in großen Schaaren aus, aber durch die unaufhörlichen Nachstellungen hat sich ihre Zahl so vermindert, daß nur der kleinste Theil in die Felsklippen der Heimath und des Geburtslandes zurückkehrt.

Die Jäger müssen, obwohl so viele erlegt werden, dennoch mit großer Vorsicht jagen; denn die wilden Enten sind sehr mißtrauisch geworden. Nie setzen sie sich eher, als bis sie um den Ort, an dem sie sich niederlassen wollen, mehrere Male herumgeflogen sind, als wenn sie ihn untersuchen wollten, ob er keinen Feind verberge, und lassen sie sich endlich nieder, so geschieht es mit aller Vorsicht. Sie biegen ihren Flug und schwingen sich in schiefer Richtung auf die Oberfläche des Wassers hin und begeben sich sofort auf die Mitte des Gewässers, fern vom Ufer und Gebüsch. Zu gleicher Zeit wachen einige über die öffentliche Sicherheit und machen Lärm, sobald nur Gefahr droht, und sehr oft entschlüpfen sie dem Jäger, der sich ihnen so nahe glaubte und schon das Schußgeld berechnete.

Wenn sie auf ihrer Wanderung begriffen sind, so rasten sie meistens am Tage auf den größeren Gewässern, suchen sich ihre Nahrung des Abends und setzen ihre Reise in der Nacht weiter fort. Das Pfeifen des Flügelschlages verräth ihre Wanderung. Wenn sie auffliegen und selbst wenn sie aufgescheucht werden, so erheben sie sich nicht gleichzeitig in buntem Gewirr, sondern der ersten folgt die zweite, dann die dritte ꝛc. in der regelmäßigsten Entfernung, und sofort ist die Regelmäßigkeit des Zuges hergestellt.

So lange die Jahreszeit noch nicht strenge ist und ihr Element noch nicht mit eisiger Rinde überzogen und bedeckt wird, haben sie an den Wasserkerbthieren, den kleinen Fischen, den Fröschen, wenn dieselben sich noch nicht im Schlamm zu ihrem Winterschlafe gebettet haben, an dem Binsensaamen, der Wasserlinse und einigen anderen Sumpfpflanzen eine reichliche Nahrung. Sobald aber der Frost das

Wasser in Fesseln geschlagen, begeben sie sich in die noch offenen Flüsse und suchen die daran stoßenden Laubwälder auf, um sich von den am Boden zerstreut liegenden Früchten, besonders Eicheln, zu ernähren, oder sie rupfen auch die junge Saat ab. Hält aber der Frost mehrere Tage an, so verschwinden sie, um erst im Frühjahr bei'm Thauwetter wiederzukehren. — Alsdann sind ihre Züge weniger geordnet, nur Männchen und Weibchen halten noch eng zusammen, versteckt in den Binsen, um entweder hier zu nisten, oder nur, um auszuruhen und dann den ferneren Norden aufzusuchen.

Um diese Zeit bedecken sie in zahlreicher Menge die See'n und Flüsse Sibirien's und Lappland's und begeben sich bis nach Spitzbergen und Grönland. — Wenn im Frühling die Bewohner Lappland's mit ihren Rennthieren nach den Bergen hinziehen, so erscheinen die Schwärme der wilden Enten, um die verlassenen Gegenden einzunehmen; alsdann erfüllen sie die Flüsse und Gewässer und bald bedecken zahllose Nester die Wüste, aber wenn die Lappländer im Herbst heimkehren, so haben die Enten mit ihrer jährigen Nachkommenschaft schon wieder die Ebene verlassen.

Diejenigen Enten, welche in unseren Gegenden ihren Aufenthalt nehmen, fangen bei milder Witterung schon im Februar an zu legen. Das Männchen sucht einen geeigneten Ort, wo das Weibchen ungestört seine Eier legen und nachher ausbrüten kann. Gewöhnlich ist es ein dichtes Binsengestrüpp, das abgesondert mitten aus dem Sumpfe hervorragt. Das Weibchen dringt in dieses Gebüsch hinein und giebt ihm die Form eines Nestes, indem es die Binsenhalmen niederdrückt. Obgleich die wilde Ente, wie die anderen Wasservögel, vorzugsweise in der Nähe des Wassers nistet, so findet man doch auch einige Nester auf entfernteren Haiden, oder auf Aeckern in Düngerhaufen oder Heuschobern, oder gar in Wäldern auf abgestutzten Eichen oder in alten verlassenen Nestern. Gewöhnlich findet man in jedem Nest 10 bis 15 und zuweilen noch mehr Eier, die jüngeren legen weniger, die älteren mehr; die Schaale der Eier ist grünlich weiß und der Dotter nicht gelb, sondern roth. — So oft das Weibchen seine Eier, wenn auch nur auf kurze Zeit, verläßt, wickelt es sie in den Flaum ein, den es sich zum Auspolstern des Nestes ausrupft. Kehrt es zurück, so läßt es sich erst in einiger Entfernung nieder und nähert sich dem Neste, furchtsam umherspähend, ob keine Gefahr ihm droht; sitzt es aber erst darin, so läßt es sich sobald nicht verscheuchen. — Das Männchen löst es nicht beim Brüten ab, hält sich aber während der Brütezeit immer in der Nähe des Nestes auf, begleitet das Weibchen, wenn sich dasselbe seine Nahrung sucht und vertheidigt es gegen die Verfolgung anderer Männchen. Nach 30 Tagen schlüpfen die Jungen aus den Eiern und am andern Tage schon lockt sie die Mutter aus dem Nest und führt sie auf's Wasser. Anfänglich zögern sie, das Wasser zu betreten, aber bald stürzen sie sich der Mutter nach. Nach dem Neste kehren sie nie wieder zurück. Befindet sich dasselbe zu weit von dem Wasser oder auf Bäumen, so nehmen die Alten sie in den Schnabel und tragen sie nach einander in die Nähe des Wassers. Den ganzen Tag tummeln sie sich rastlos auf dem Wasser oder am Ufer umher und stellen den Mücken und kleineren Kerbthieren nach, die ihnen zur Nahrung dienen. Schwimmen können sie sogleich mit aller Fertigkeit, tauchen auch bald unter und werden mit ihrem Element sehr bald vertraut. Am Abend führt sie die Mutter in's Schilf, um sie unter ihren Flügeln zu schützen und zu wärmen.

Die Flügel entwickeln sich bei den Enten und bei den Wasservögeln überhaupt, sehr langsam, nach sechs Wochen sind sie noch kurz und unförmlich, die jungen Enten sind schon über die Hälfte ausgewachsen und unter dem Bauche und am Rücken befiedert, ehe die Schwungfedern zum Vorschein kommen, und erst nach drei Monaten fangen sie an, ihre Flügel zu gebrauchen. In dieser Zeit werden sie leichter gefangen, und die Lappländer schlagen sie sogar mit Stöcken todt, um sie sodann zu verzehren. Auch im nördlichen Amerika finden sich unter denselben Verhältnissen die wilden Enten, die im Winter, durch die Kälte genöthigt, gleichfalls südlich wandern.

Ueberall hat man so nützliche Vögel, wie unsere Enten, zu zähmen gesucht, und es ist meistens gelungen; auch einige andere wilde Enten-Arten haben sich in der Hausgenossenschaft fortgepflanzt und sind nicht allein zahm geworden, sondern haben sogar verschiedene Schläge geliefert, so ist z. B. die Bisam-Ente durch den doppelten Nutzen, den ihre Federn und ihr Fleisch gewähren, und durch die Leichtigkeit, sie groß zu ziehen, einer der nützlichsten und verbreitetsten vorzüglich in Amerika geworden.

Den jungen Enten sind Blutegel besonders schädlich, da diese sich an ihre Füße hängen und sie dadurch tödten; darum ist es gut, wenn man dieselben erst durch Schleie oder andere Fische, die sich davon nähren, ausrotten läßt. — Das Weibchen der zahmen Ente legt einen Tag um den andern ein Ei bis zu einer Anzahl von 10 bis 15, und werden sie ihm weggenommen, was in der Regel geschieht, da man sie oft von Hühnern ausbrüten läßt, sogar 30 bis

40. Ein Männchen führt meistens zwei bis drei Weibchen, die es gegen alle Angriffe beschützt.

Die erste Nahrung, welche man den jungen Enten giebt, sind Hirse, Grütze, Brotkrume, und später Gerste. Die Enten sind übrigens sehr gefräßig, werden fast nie satt, und verschlingen Alles, was ihnen vorkommt und namentlich Alles, wonach sie schnappen können. Man hat selbst bei Schmieden, wo von dem glühenden Eisen Stücke absprangen, solche verschlucken sehen, die aber den Kropf sofort durchbrannten und an der Brust wieder herausfielen, wodurch natürlich der Tod der Ente herbeigeführt wurde. — Wenn sie ihre Nahrung im Wasser suchen, so stecken sie den Kopf hinein, erheben den Hintertheil senkrecht in die Höhe, nur der Schwanz guckt hervor und in dieser Stellung halten sie sich durch ein beständiges Schlagen mit den Füßen wohl eine halbe Minute lang, während sie mit dem Schnabel die Nahrung ergreifen. Dieses Verfahren hat man „Gründeln" genannt. — Nach einem halben Jahre sind sie ausgewachsen. Die Federn haben sich vollständig ausgebildet und eine bestimmte Färbung erhalten. Das Männchen erkennt man an den gekrümmten Federn, welche über dem Bürzel sitzen, ferner glänzt sein Kopf in reichem Smaragdgrün und die Flügel sind mit einem blinkenden Spiegel geschmückt. Das weiße halbe Halsband in der Mitte des Halses, das schöne lebhafte Braun auf der Brust und die Färbungen der anderen Theile sind abgeschattet und bilden ein schönes Gefieder. Den Weibchen fehlen die besonderen Abzeichen und die Farben ihrer Federn sind auch weit matter. Am schönsten finden sich die Farben freilich nur bei den wilden Enten ausgeprägt. Das Männchen ist stets etwas größer und stärker als das Weibchen.

Der Einfluß der Gefangenschaft hat sich zunächst in der Farbe kund gethan; wir sehen jetzt mehr oder minder weiße, braune, schwärzliche oder gemischtfarbige Enten, aber es giebt auch Schläge, bei denen noch andere Theile verändert sind. Einzelne z. B. tragen einen Schopf, andere haben einen gekrümmten Schnabel, und der Magen der wilden Enten, dessen Gestalt rund ist, bildet bei den zahmen einen merklichen Winkel und der letztere wird stets fester als der erstere.

Auch die Enten, ob wild oder zahm, sind einer fast plötzlichen Mauser unterworfen, in welcher ihre großen Federn in wenigen Tagen und oft in einer einzigen Nacht ausfallen. Bei den Männchen tritt sie nach der Paarung und bei den Weibchen nach dem Brüten ein. Nach 30 Tagen sind die alten Federn wieder durch neue ersetzt.

Der innere Körperbau zeigt bei der Ente und Gans einige Besonderheiten. Die Luftröhre erweitert sich, ehe sie sich theilt, um mit der Lunge in Verbindung zu treten, in eine Art knochiges und knorplichtes Gefäß, das eigentlich ein zweiter Schlund unten an der Luftröhre ist und vielleicht dazu dient, für die Zeit, wenn der Vogel untertaucht, Luft aufzubewahren, und verursacht ohne Zweifel den schallenden und rauhen Klang seiner Stimme. Das gewöhnliche Geschrei der Enten ist als „Geschnatter" gleichfalls sprichwörtlich geworden; öfters artet es in ein „Gequack" oder „Gepak" aus. Die Weibchen machen den größesten und anhaltendsten Lärm; ihre Stimme ist höher, biegsamer und stärker als die des Männchens, die eintöniger ist und immer einen heiseren Klang hat. Auch hat man bemerkt, daß das Weibchen, nicht wie das Huhn auf dem trocknen Boden, wohl aber in dem nicht sehr tiefen Wasser scharrt, um die Wurzeln zu entblößen oder die Kerbthiere und Muscheln herauszuholen.

Der Schnabel der Ente ist, wie auch bei der Gans, breit, an den Rändern gezähnt, inwendig mit einem fleischigen Gaumen versehen, mit einer dicken Zunge ausgefüllt, und an seiner Spitze in einen harten hornartigen Nagel sich endigend. Er ist besonders nach vorn sehr flach und fast löffelförmig. Der Oberkiefer umfaßt den unteren wie eine Scheide und ist mit schmalen Blättchen besetzt. Ihr Schwanz ist sehr kurz und die Beine stehen sehr weit nach hinten. Diese Stellung der Beine macht ihren Gang schwerfällig und schwankend oder „watschelnd," da es ihnen schwer wird, sich im Gleichgewicht zu halten.

Das Fleisch der Ente ist schwer verdaulich, hat aber einen feineren und angenehmeren Geschmack als das Gänsefleisch und ist deshalb, noch mehr aber das der wilden, sehr beliebt und wird, in verschiedenster Weise zubereitet, mit Wohlgefallen verspeist. Auch ist ihr Fett von sehr lieblichem Geschmack. — Desgleichen gewähren uns die Enten durch ihre Federn einen nicht geringen Vortheil, da diese sich zu Betten sehr gut eignen. Man gewinnt sie entweder beim Schlachten oder durch zeitweiliges Rupfen der Thiere.

Die Enten gehören ebenfalls zu den Schwimmvögeln, daher haben sie in ihrer Erscheinung viel Aehnlichkeit mit der Gans. Ihr Hals und ihre Beine sind nur sehr kurz.

Ihre Zähmung fällt vielleicht mit der der Gans in dieselbe Zeit. Wie dieser, so war auch jener Vogel nicht gezähmt bei den Juden, obgleich untermischt mit den Gänsen bis zum heutigen Tage große Schwärme den See Genezareth und den See Merom während der Winterzeit beleben.

Bei den Griechen war sie zu Aristoteles Zeiten noch nicht zahm, wurde aber später noch gezähmt. Die wilde kannten sie jedoch schon und sie nannten sie vorzugsweise die Schwimmerin. Die jungen Männer fanden an dem Schwimmen der Ente sehr viel Gefallen und deshalb gaben sie ihren Geliebten den Schmeichelnamen „mein Entchen," während die Neugriechen einer Dame etwas sehr Schmeichelhaftes zu sagen vermeinen, wenn sie ihr versichern, daß sie den wackelnden Gang einer Ente habe.

Die Römer pflanzten auf ihre üppigen Tafeln den Entenbraten, ihre Schwelgerei aber war der Art, daß sie nur einzelne Theile davon genossen. — In Deutschland scheint sie erst durch die Römer bekannt oder beachtet worden zu sein, was schon ihr Name beweist; denn die Römer nannten sie Anates, woraus Anaten, Anten und zuletzt Enten entstanden ist.

Die Verwandten der Gänse und Enten finden sich in zahlreicher Menge in der alten und neuen Welt. Wir rechnen hierher alle Schwimmvögel. Die erste Gruppe bilden die Pinguins oder die Fettgänse, die man um die Südspitzen der Kontinente der südlichen Halbkugel findet. Die zweite Gruppe bilden die Alken, wozu der Larventaucher, der Papageitaucher, der Krabbentaucher, die Lumme und der eigentliche Alk gehören. Ihre Heimath ist die Polarzone der nördlichen Halbkugel. Die dritte Gruppe sind die Taucher, welche ebenfalls eine Menge Arten umfassen; sie leben theils bei uns, theils auf den arktischen Meeren. Die vierte Gruppe, die Pelikane, umfassen mehrere Arten unter demselben Namen und die Scharben, wozu der Seerabe gehört, ferner die Fregattvögel, die Schlangenvögel, die Tölpel mit der Boßangans und dem Tropikvogel. Zu der fünften Gruppe, den Möven, werden die Seeschwalben, die eigentlichen Möven und die Raubmöven gezählt. Die sechste Gruppe, die Sturmvögel, sind den Schiffern wohlbekannt und ihr Erscheinen erregt immer Besorgnisse; zu ihnen gehören der Sturmtaucher und der Albatroß. Die siebente Gruppe sind **die entenartigen Vögel.** Wir nennen davon:

Die Schwäne, welche die Arten: den Singschwan (in den Nordpolargegenden heimisch, kommt im Winter an die Nord- und Ostseeküsten), den zahmen oder Höckerschwan (in Mittel- und Süd-Europa, bei uns mit geknickten Flügeln zur Zierde auf Teichen und Flüssen gehalten) und den schwarzen Schwan umfassen.

Zu den Gänsen gehören außer der wilden Gans: die Lachgans, die weißwangige Gans, die Saatgans, die Bläßgans, die Bernikelgans u. m. a.

Die nächsten Verwandten unserer zahmen Ente sind außer der wilden Ente: die Brandente, die Bisamente, die Pfeifente, die Kriekente, die Knäckente, die Löffelente, die Eiderente (Eidergans), die Sammetente, die Kolbenente, die Reiherente, die Bergente, die Schellenente u. s. w.

Die letzte Gruppe aus dieser Verwandtschaft sind die Sägetaucher mit dem Nonnentaucher und dem Gänsesäger, welche in mehreren Gegenden Deutschlands vorkommen.

Inhalts-Verzeichniß.

FSC
www.fsc.org
MIX
Papier | Fördert
gute Waldnutzung
FSC® C083411

Zeitfracht Medien GmbH
Ferdinand-Jühlke-Straße 7
99095 Erfurt, Deutschland
produktsicherheit@kolibri360.de